製造業の教科書

超高周波・パワエレ時代に
ノイズトラブルを防ぐ

# EMC 設計

前野 剛
Tsuyoshi Maeno

日経BP

## はじめに

　電子機器が存在すれば、大なり小なり必ず**EMC問題が存在**する。例えば、指先で軽く触れるだけで反応する電子スイッチが外来電磁波によって勝手にオンにされ、その機器が勝手に動作し始めたり止まったりすることがあり得るというような困った問題である。こうしたことは電子機器が半導体を使用することに多く起因し、製品設計においては必ず考慮しなければならない問題である。

　ここでEMCとは**Electromagnetic Compatibility**（電磁両立性）の略であり、その意味するところは「許容できない電磁妨害波を他に与えず、使用される電磁環境において満足に機能する機器・装置・システムの能力」のことである。

　このたび日経BPより電子機器のEMC対応設計に関する執筆依頼を頂いた。しかも、その内容においては「大学の工学部電気系学科の学生から見てハードルが高過ぎず、企業の新人教育にも使用でき、かといってベテランの技術者諸氏から見ても物足りないことのないようなものを」という、大変欲張った難しい注文である。さらに、教科書のように体系的なものという、果たして筆者の力量で執筆できるのかという大層なシリーズの一環でもある。

　これに対してまず思ったことは、大学時代にお世辞にも出来が良いとはいえなかった筆者が、工学部電気系の学科を卒業後に、企業で電子機器の設計に携わるようになった時のことだ。学生時代には、電磁気学や電気回路学の科目の中でも難しくて授業についていけず、こんな抽象的な概念など、どうせ電子回路の設計にはほとんど関係ないだろうと勝手に解釈していた。ところが、新製品開発を行う過程において、取りこぼした項目の多くが思いがけずEMCに直結していたのだ。いわば学生時代に不勉強であった部分から今頃になって報復されているのがEMC問題であるように感じたことを、まずは正直に告白しておこう。

　従って、まずはEMC入門者から前記ハードルを何とか取り除いた上で、昔から参考にされてきた「**設計慣習**」などのうち、現在および将来のEMC環境においてふさわしくないと思われる事項をできる限り取り上げ、筆者なりの体験に基づい

003

た事柄にできる限り**実事例**と**実験事例**を引き合いに出して、**EMC問題を起こしにくい電子機器の設計全般**について、**普遍的に解説**することを試みたのが本書である。

　ということで、本書は理論書ではなく**実務書**として執筆したということを最初にお断りしておきたい。しかし、ここに出てくる実事例や実験結果については原則として、**全てに考察を加えて**、読者の腑に落ちるように意識したつもりである。これらにより、EMC初心者のハードルをいくらかでも低くすると共に、ベテラン技術者にも参考にしていただけそうな部分も多く含めたつもりである。


　本書は以下の構成によって成り立っている。


　**第1章**は、「EMC問題とは何か」から始め、各種EMC規格について簡単に触れて、民生機器から自動車用機器のEMC環境の概要と動向について解説している。

　**第2章**は、ノイズ源となる信号の基礎、および、電子機器単体からシステム化に至る過程において、EMC設計のポイントとなる事項をまとめている。ここでは高周波ノイズ電力の伝送を、電磁場を基調として、これがEMC設計の全てにつながる基礎となることを示して、アンテナなどを設計するわけではないということ、そして、EMCの場合には放射源としての機構がより複雑であるため、計算よりも直感的に理解することの方が重要であるという考えの基に記述した。

　**第3章**は、電子機器内部の重要部品である回路基板のEMC設計について記載した。信号配線パターン間の電磁誘導結合と電界結合が基板内でのノイズの拡散〜基板外の配線への流入出雑音電流に及ぼす影響などを中心に述べている。また、漠然としたグラウンドパターンのイメージを電気的に具体的に明らかにしたつもりである。

　**第4章**は、シールド筐体の形状や回路グラウンドとの電気的接続について、必要と思われるポイントについて述べている。またシールドや電磁波吸収シートの使用の良否についても考察する。

第5章は、回路基板を金属筐体内部に装着する際において、回路基板グラウンドの金属筐体への電気的接続がEMC性能に及ぼす影響について記載している。回路グラウンドの接地処理がいかに重要であるかを感じていただければ幸いである。

第6章は、電子機器間をワイヤハーネスで接続してシステム化したときに起こり得るEMC問題と対策事例の概要について述べている。

第7章は、前記ワイヤそのものの電磁遮蔽の原理と遮蔽性能、特にシールド線の内外部導体分離部分の及ぼす影響について示し、また、よく話題になる外部導体の1点接地から多点接地について取り上げている。

第8章は、読者の興味の対象になると思われる個別事項について一部概略を記述する。加えて、設計の進め方とEMCの設計審査(DR：デザインレビュー)についても、筆者なりの考えと経験に基づいて取り上げている。


これらの内容においては、筆者の技術者としての生い立ち上、具体的な事例などは自動車用電子システムを多く引き合いに出している。そこに違和感を持つ人もいるかもしれないが、自動車用電子機器が特殊というわけではなく、基本的な原理や考え方の大部分は他のジャンルの電子機器の場合と何ら変わることはないと思っている。

また、逆に、他ジャンルの一般電子機器に存在していながら見過ごされてきたような技術的な課題も、自動車用としてレビューすることによって、改めてはっきりと姿を現す部分も少なからずあるのではないかとも思う。


以上の内容であるが、浅学菲才な筆者のこと故、思わぬ誤りなどがあるやもしれず、その場合には読者諸賢よりのご指摘、ご叱責をお願いする次第である。


前野 剛

# CONTENTS

はじめに …………………………………………………………………………………………… 003

## 第1章 電子機器のEMC環境と今後の課題 …………………………… 011

### 1.1 EMC問題とは ……………………………………………………………………… 012
### 1.2 電子機器がさらされるEMC環境 …………………………………………………… 013
1.2.1 ノイズの伝播とEMC ……………………………………………………………… 013
1.2.2 EMCにおける規格・規制の概要 ………………………………………………… 013
1.2.3 代表的な各システムの電磁干渉の例 …………………………………………… 015
### 1.3 自動車における電子機器の大電力化と高周波化 ………………………………… 018
1.3.1 自動車用電子システムがさらされる電磁環境 ………………………………… 018
1.3.2 自動運転システムとEMC ………………………………………………………… 020
1.3.3 自動車用電気電子システムの大電力化と高周波化 …………………………… 021

## 第2章 電子システムにおけるEMC設計 ………………………………… 023

### 2.1 電気信号とそのノイズとしての振る舞い ………………………………………… 024
2.1.1 直流電流と交流電流の違い ……………………………………………………… 024
2.1.2 交流信号の波形と周波数 ………………………………………………………… 025
2.1.3 交流信号の伝播と波長 …………………………………………………………… 027
2.1.4 交流信号とインピーダンス ……………………………………………………… 028
2.1.5 交流信号の共振と定在波 ………………………………………………………… 043
2.1.6 信号の大きさの対数表現 ………………………………………………………… 046
### 2.2 電子機器の存在とつくり出す電磁環境 …………………………………………… 048
2.2.1 電子機器の各部位より発生する高周波ノイズ(EMI) ………………………… 048
2.2.2 電子機器が外来ノイズにより影響を受ける場合(EMS) ……………………… 049
2.2.3 装着環境が電子機器に及ぼす影響の例—自動車の車体の特徴— …………… 050

**2.3 電気電子システムからのノイズの放射と雑音電流の流れ** ……………… 053

2.3.1 一般的なモーター制御システムから発生する放射ノイズの例 ……………… 053

2.3.2 ノーマルモード雑音電流とコモンモード雑音電流 ……………… 054

2.3.3 ノーマルモードとコモンモードの雑音電流が外部に作る電界 ……………… 056

**2.4 電子機器ユニットのシステム化における設計上のポイント** ……………… 057

2.4.1 コモンモード雑音電流を発生させる電子システム ……………… 057

2.4.2 ベンチ評価結果と実システムにおける評価結果の違い ……………… 058

2.4.3 回路基板設計からシステム化における対EMC設計のポイント ……………… 059

# 第3章 回路基板のEMC設計 ……………… 061

**3.1 高周波信号の回路基板内における伝送** ……………… 062

3.1.1 信号伝送路としての配線パターン ……………… 062

3.1.2 高周波電力伝送の基本と実験事例 ……………… 068

**3.2 回路基板内におけるノイズの拡散と流出** ……………… 071

3.2.1 回路基板パターンからの放射 ……………… 071

3.2.2 回路基板内におけるノイズの拡散と外部への伝導流入出 ……………… 072

3.2.3 伝導流入出電流と信号配線パターン間クロストーク ……………… 073

3.2.4 信号配線パターン間におけるクロストークの要因 ……………… 074

3.2.5 配線間クロストークにおける電磁誘導結合と電界結合の影響力 ……………… 076

3.2.6 不整合な配線における配線間クロストーク ……………… 080

**3.3 グラウンドパターンの正体** ……………… 084

3.3.1 回路間分離用スリットが信号配線間クロストークに及ぼす影響 ……………… 084

3.3.2 回路間分離用スリットが信号の伝送と放射に及ぼす影響 ……………… 090

3.3.3 低周波信号と高周波ノイズによる配線間クロストークの関係 ……………… 093

3.3.4 グラウンドの分離に関するまとめ ……………… 095

**3.4 信号配線パターンの引き回し** ……………… 096

3.4.1 信号配線パターンと層間移動 ……………… 096

3.4.2 ガードトレースの効果 ……………… 098

# CONTENTS

**3.5 デカップリング用デバイス** ……… 103

3.5.1 キャパシター ……… 104

3.5.2 インダクター ……… 106

# 第4章 電磁シールド ……… 111

**4.1 電磁シールドの原理** ……… 112

4.1.1 金属材による電磁遮蔽の原理 ……… 112

4.1.2 金属の表皮効果 ……… 113

**4.2 放射の抑制と伝導入出力ノイズの両立化** ……… 115

4.2.1 電磁シールドが伝導入出力電流に及ぼす影響 ……… 115

4.2.2 回路グラウンドのシールド筐体への接続が伝導流入出電流に及ぼす影響 ……… 117

4.2.3 シールド筐体の形状が伝導流入出電流に及ぼす影響 ……… 118

**4.3 電磁波吸収体のノイズ抑制効果** ……… 124

4.3.1 電磁波吸収シートによる配線間クロストークの抑制 ……… 125

4.3.2 電磁波吸収シートを貼付するシールド筐体の形状依存性 ……… 125

# 第5章 回路基板の金属筐体への装着 ……… 131

**5.1 基板グラウンドの金属筐体への電気的接続** ……… 132

5.1.1 回路基板の金属筐体への装着事例と課題 ……… 132

5.1.2 基板の金属筐体への装着における実機想定モデルと実験モデル ……… 133

5.1.3 回路基板グラウンドのフローティング装着 ……… 135

5.1.4 回路基板グラウンドの多点接続 ……… 139

5.1.5 回路基板グラウンドのFGパターン経由の接続 ……… 140

5.1.6 回路基板グラウンドの接地処理のまとめ ……… 142

**5.2 放熱器と金属筐体の接続について** ……… 146

# 第6章 電子機器の総合システム化 ……………………………… 149

## 6.1 電子機器の設置環境 …………………………………………… 151
### 6.1.1 低周波ノイズによる影響 ……………………………… 151
### 6.1.2 高周波ノイズによる影響 ……………………………… 154
## 6.2 配線も含めたシステム化 ……………………………………… 155
### 6.2.1 EMI問題を発生させやすいシステム構成事例 ……… 155
### 6.2.2 EMS問題を発生させやすいシステム構成事例 ……… 164
### 6.2.3 その他 ………………………………………………… 168
## 6.3 金属筐体の構造が関わる課題 ……………………………… 168


# 第7章 電子システムを構成する配線 …………………………… 171

## 7.1 システム化に用いるワイヤハーネス ………………………… 172
### 7.1.1 グラウンドプレーン上での配索 ……………………… 172
### 7.1.2 ワイヤハーネスの実際 ………………………………… 180
## 7.2 対ノイズ性能を意識した配線材 ……………………………… 182
### 7.2.1 平行2配線による電磁遮蔽の原理 …………………… 182
### 7.2.2 ツイストペア線による電磁遮蔽の原理 ……………… 189
### 7.2.3 シールド線による電磁遮蔽の原理 …………………… 192
## 7.3 シールド線の電磁遮蔽効果 ………………………………… 193
### 7.3.1 シールド線の端部処理と外部導体の接地 …………… 193
### 7.3.2 シールド線端部の内外部導体分離部分の影響 ……… 195
### 7.3.3 シールド線外部導体の接地処理の影響 ……………… 209

# CONTENTS

## 第8章 その他 ……… 223

**8.1 一般的な中低速デジタル機器のEMI** ……… 224

**8.2 電源回路のEMI** ……… 228

**8.3 ハイブリッド車(HEV)におけるEMI対応の例** ……… 237

8.3.1 主なHEVのシステムとその特徴 ……… 237

8.3.2 HEVシステムにおけるエミッションの抑制 ……… 240

**8.4 設計手順と設計審査** ……… 249

8.4.1 EMC設計における検討ポイントと検討順序 ……… 249

8.4.2 EMCに着目した設計審査 ……… 253


参考文献 ……… 255

おわりに ……… 256

索引 ……… 258

第 1 章

# 電子機器のEMC環境と
# 今後の課題

# CHAPTER 1

## 電子機器のEMC環境と今後の課題

### 1.1　EMC問題とは

　大抵の電子機器は制御用のクロックと呼ばれる発振信号を持っており、内蔵電源回路用の発振回路もあります。モーターなどのアクチュエーターを駆動する目的の機器は電流の大きいパルス（PWM：パルス幅変調）信号を出力します。これらの発振周波数およびその高調波の信号が、何らかの形で電磁ノイズとして機器やシステムから外部に伝導流出したり、電磁波の形で空間に放射したりしています。こうした他への妨害源となり得るノイズの放出（Emission：エミッション）のことを電磁妨害（EMI）問題といいます。

　一方、世の中は電磁ノイズで満ちあふれています。人工的なノイズとしては、上述したような他の機器によるノイズの存在はもちろんですが、携帯電話のように電源さえ入っていれば基地局に対して自分の存在を教えるために間欠的に電波を送信している機器もあります。電源スイッチをON-OFFすればサージの形でノイズが発生しますし、機器のボタンに触れれば静電気が発生して機器の内部に侵入します。自然界のノイズとしては、雷による誘導ノイズの電源線などからの侵入もあります。

　このような電磁環境に置かれた電子機器は、電磁ノイズが何らかの形で機器内部に侵入すれば様々なトラブルに発展する恐れがあります。スイッチング用の半導体が勝手にONしたり、マイクロコンピューターにリセットがかけられて勝手に動作が停止したり、微小なアナログ信号を取り込むADコンバーターが誤動作してデジタル値が希望しない状態になって機器がとんでもない誤動作を起こしたりする可能性があるのです。電子機器を60個以上積んでいる自動車がこのような目に遭えば、大変なことになるのは容易に想像できると思います。

　また、こうした問題はデジタル機器や家電製品、自動車はもちろん、産業用機器や電車、航空機、船舶などについても同様です。それらに搭載された電子機器には、他から到来する電磁ノイズに対する耐性（Immunity：イミュニティー）が要求されますが、これをノイズ

に対する**電磁感受性**(**EMS**)問題といいます。

このEMIとEMSとを合せて、**図1-1**に示すように**電磁両立性**(**EMC**)問題といいます。EMI性能とEMS性能の両面に優れた電子機器となって初めてEMC性能が良い電子機器であるといえるのです。

**図1-1** EMIとEMS、EMCの関係（作成：筆者）

## 1.2　電子機器がさらされるEMC環境

### 1.2.1　ノイズの伝播とEMC

1.1で概要を述べた各種ノイズは、配線を伝導する場合と放射する場合、さらに両者の組み合わせによって加害側の機器から被害側の機器に到達します。この関係を示すと**図1-2**のように表されます。

この図において、特に、発生するノイズによって自分のシステム自身が誤動作する場合には、それを**自家中毒**と表現する場合もあります。

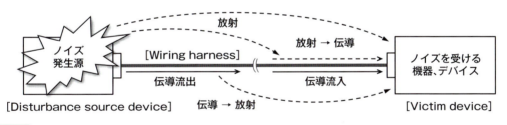

**図1-2** ノイズの伝導と放射（作成：筆者）

### 1.2.2　EMCにおける規格・規制の概要

電磁ノイズは放置しておくわけにはいかないので、各国が法規によって規制を行っています。

もちろん、電子機器が発生するノイズによって他の電子機器を誤動作させたり、重要な通信を行っている自動車内外に設置されている他の受信機に混入して通信品質に影響を及ぼしたりするようなことが問題であることは、これまで述べた通りです。

一方、情報機器内部のCPUなどから発生して機器の外部に放射する電磁ノイズは、無

関係な者から見れば単に迷惑な高周波ノイズに過ぎません。しかし、こうしたノイズは見方を変えれば情報信号でもあります。これを、国境線の近くで、ある意図を持った他の国の傍受者が受信すれば情報の漏洩ということにもなります。

日本のように四方を海で囲まれた島国であればまだしも、地上で他国と国境を接している国の場合においては、電磁ノイズの放射は国際的な問題にもなりかねません。

特に欧州連合(EU)では早くから欧州統一認証として電磁ノイズに対する法規が存在し、現在、EU域内に輸入されるほぼ全ての電気・電子機器は、統一EMC指令である **2014/30/EU** に合格しなければなりません。

こうした規制は時代によって変遷しますが、本書の主旨ではないので、ここでは深く立ち入りませんが、これらの法規制がよりどころとしているのが **国際規格** です。ここでは国際規格を簡単にまとめたものを **表1-1** に紹介するのにとどめます。

**表 1-1** ノイズに対する主な国際規格（作成：筆者）

【世界の主なEMC規格】

| 国際規格 | ISO | 国際標準化機構 |
|---|---|---|
| | IEC | 国際電気標準会議 |
| | CISPR | 国際無線障害特別委員会 |
| 地域規格 | CENELEC | 欧州電気標準化委員会 |
| | EFTA | 欧州自由貿易連合 |
| | NAFTA | 北米自由貿易協定 |
| 各国規格 | FCC（米国） | 連邦通信委員会 |
| | VCCI（日本） | 一般財団法人 VCCI 協会 |
| | BS（英国） | 英国規格協会 |
| | VDE（ドイツ） | ドイツ電気技術者協会 |
| | GB（中国） | 中国国家標準 |

▶ 国内での EMC 規制の状況
・自動車と医用電子機器は強制法規
　（国際規格を基に作られた法規による）
・その他ジャンルは自主規制であるが
　（VCCI などは自己宣言）
　電安法の中に EMC 要項がある

【エミッション試験の主な国際規格】

| 規格番号 | 対象機器 |
|---|---|
| CISPR 11 | 工業用、科学用、医療用の機器（ISM 機器） |
| CISPR 12 | 自動車、モーターボートなど |
| CISPR 13 | ラジオ・テレビ放送受信および関連機器 |
| CISPR 14-1 | 家庭用電気機器・電熱器・電動工具類 |
| CISPR 15 | 電気照明および類似装置 |
| CISPR 22 | 情報処理装置（ITE） |
| CISPR 25 | 車載用電子機器 |
| CISPR 32 | マルチメディア機器 |

【イミュニティー試験の主な国際規格】

| 規格番号 | 規格概要 |
|---|---|
| IEC 61000-4-2 | 静電気試験 |
| IEC 61000-4-3 | 放射電磁界試験 |
| IEC 61000-4-4 | EFT ／ B 試験 |
| IEC 61000-4-5 | サージ試験 |
| IEC 61000-4-6 | 伝導電磁界試験 |
| IEC 61000-4-8 | 電源周波数磁界試験 |
| IEC 61000-4-11 | 電圧ディップ・停電試験 |
| ISO 11451-X | 自動車 RE |
| ISO 11452-X | 自動車用システム RE |

## 1.2.3 代表的な各システムの電磁干渉の例

ここではEMC問題が発生しそうな環境の概略について簡単に紹介します。

### (1) 民生機器のEMC環境

図1-3は家電製品、いわゆる民生機器の**EMC環境**について表しています。ノイズは電源などの配線を伝導するものもあれば、機器本体や配線から放射したり受信したりするものがあり、その挙動は複雑です。また、民生機器では複雑にシステム化された製品もありますが、大体は単独製品である場合が多く、これらの製品における共通配線といえば商用電源の電源線くらいです。

この図の中で放射ノイズが大きそうな機器は、電力レベルの大きい電動コンプレッサーと制御用CPUを内蔵するエアコンと、大電力のマイクロ波の発振器(2.45GHz)とCPUを含む制御回路を持つ電子レンジです。わざわざこれらの機器の近くにアンテナを持つラジオ受信機を置いて放送を聴くことはないと思います。民生機器（家電製品）の場合には、一般使用においては機器同士が離れていることが多く、自動車用の電子機器とは違って機能が異なる製品が狭い空間に押し込まれていることはありません。

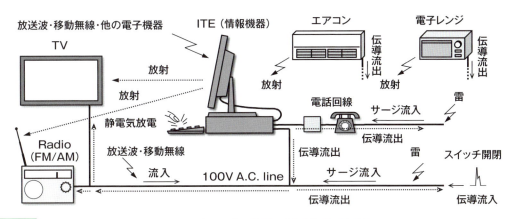

**図1-3** 民生機器の配置・接続とノイズの伝導／放射の例 （作成：筆者）

日本において、民生機器からのノイズの放射レベルは規制されています。しかし、例えばパソコンなどの**VCCI**（情報処理装置等電波障害自主規制協議会）規制は強制法規ではなく自己宣言方式です。

また、一般的にそのレベルは医療用電子機器や自動車用機器ほど厳しくはありません。ノイズに対する感受性のレベルも、自動車用機器の1/10程度の電界強度（3V/m）に耐えられればよいというのが一般的です。また、家電製品は日本国内においては強制法規ではありませんが、電気用品安全法が適用される機器にはEMCの要項も含まれているので注意

が必要です。

### （2）産業機器のEMC環境

図1-4は産業機器の一例として工場で稼働する産業用ロボットを表しています。この図で示すようにシステム化されており、長い線束（ワイヤハーネス）が機器間に接続されて縦横無人に走り回って配索されています。このケースでは2つの課題を有しています。1つは、長いワイヤが低い周波数の電磁ノイズの送受信アンテナになりやすいということ。もう1つは、大きな制御器がVHF（超短波）帯前後の周波数で共振しやすいということです。

さらに、こうした構成の場合、配線からの放射の大きな要因となるコモンモード伝導電流に対する共通グラウンド（コモングラウンド）がどこに相当するのか、非常に分かりにくいという問題もあります。なお、コモンモード伝導電流については第2章で詳述します。

このように、サイズが大きく、たくさんの長いワイヤハーネスによってシステム化されている製品の場合、低い周波数から高い周波数までの広範囲にわたってノイズ問題が起きる可能性が多くあります。

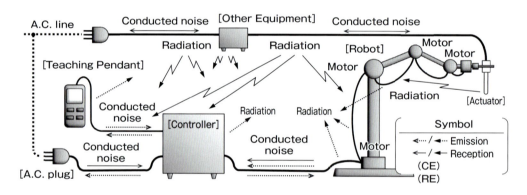

図1-4　産業機器のシステム構成とノイズの伝導／放射の例（作成：筆者）

ここで、金属筐体で出来ている制御器の共振周波数について示すと、以下のようになります[1]。これはシールド筐体一般に適用されるものなので、まずはここに示します。

$$f = 150 \cdot \sqrt{\left(\frac{i}{W}\right)^2 + \left(\frac{j}{D}\right)^2 + \left(\frac{k}{H}\right)^2} \; [\text{MHz}] \quad (1.1)$$

ここで、$W$は横幅、$D$は奥行き、$H$は高さで単位はmです。$i$、$j$、$k$は共振モードによる整数です。計算においては筐体の形態や電磁界の振動モードの想定に応じて、$W$、$D$、$H$の2項以上を使用する必要があり、これは後の章で具体例として示します。

## （3）自動車のEMC環境

図1-5は自動車内における雑音電流の流れと放射を示したものです。図1-5（a）は自動車内に搭載された電子機器間の電磁干渉の様子を、図1-5（b）では自動車内における雑音電流が流れる様子を表しています。

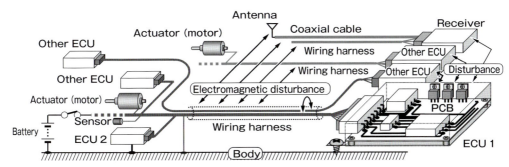

（a）自動車内に装着された電子システムと相互の電磁干渉の例

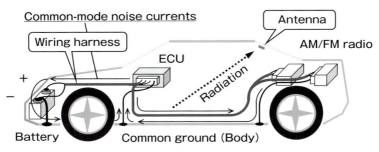

（b）自動車内におけるコモンモード雑音電流の流れと放射

**図1-5** 自動車内における雑音電流の流れと放射（作成：筆者）

　自動車は、CPUを1個以上内蔵する各種機能の電子制御ユニット（ECU）が、狭い車体の内部に60個以上搭載されています。そして、それらや他の機器との間において総計2000本を超えるワイヤで、それぞれが部分的に線束（ワイヤハーネス）化されて接続され、複雑にシステム化されているという特徴があります。いわば多くの民生機器が互いに信号をやりとりしながら至近距離でぎっしりと詰め込まれているようなものです。そのうちの一部ですが、図1-5（a）ではこの様子も表しています。

　さらに、EMS試験の場合には、自動車そのものも電子システムも民生機器の10倍となる30V/mの電磁環境に耐えなければなりません。自動車のEMC試験の条件はここまで厳しいのです。日本では現在、欧州と同様に強制法規となっているため、自動車メーカーから出荷される新車はEMCの認証試験に合格しなければ型式指定を取得できません。つまり車検が取得できないため、事実上、出荷できなくなります。また、我が国では医療用電子機器もEMCが強制法規となっています。

また、内燃機関（エンジン）車でも電動車でも、各種電装品の電源となる12Vバッテリー（電池）はマイナス端子が車体に接続（ここでは接地と表現）されています。そのため、金属製の車体がノイズに対する共通グラウンドとなりやすく、**コモンモード雑音電流**の環境になりやすいといえます。**図1-5（b）**はこの様子を表しています。

ここまで（1）民生機器のEMC環境〜（3）自動車のEMC環境で見てきたように、電子機器の置かれるEMC環境はそれぞれの使用環境において違いはありますが、基本的なことは自動車に限らず共通です。そのため、以降、実例を示す場合には、一般的に厳しいといわれる自動車用電子機器やシステムで説明します。

## 1.3 自動車における電子機器の大電力化と高周波化

近年の自動車は、高周波のノイズ源になっています。車体内部に従来の内燃機関車と同じくエアコンや車載ラジオといった一般電装品用の12Vや24Vの電源線を配索している上に、電動化の進展により、走行のための電動機用として数十〜数百Vの高電圧で数百Aの大電流が流れる配線を走らせています。しかも、直流のみならずインバーターによる3相交流もあるため、もともとの電力が大きい上に、大量に含まれている高調波が高次にまでわたっているのです。これが高周波のノイズ源となる理由です。

加えて、自動運転の開発も進んでいます。レーダーの使用は不可欠となり、カメラによる画像や車車間通信の信号など、短時間に大量の情報を処理する必要があります。そのため、通信は高速化しています。つまり、車体は**超高周波**空間になりつつあるのです。

一方で、逆に電動車両の非接触充電やスマートエントリーシステムの下り信号（自動車→携帯キーで125kHzや134kHz）など、LF（低周波）帯であるローバンドの周波数帯の活用も進んでいます。

このように、自動車用電子機器がさらされるEMC環境において、考慮しなければならない周波数範囲は時代の進展とともに範囲が広がっています。

### 1.3.1 自動車用電子システムがさらされる電磁環境

**図1-6**は自動車がさらされる**EMC環境**の一例を表しています。自動車を1つの電子製品であると見ると、これが様々な電磁環境の場所を走り回るため、あるときは外来電磁波によって妨害を受け、あるときは自身の発生する電磁ノイズが他の通信設備などに対する妨害源にもなり得ます〔**図1-6（a）**〕。

一方、自動車の内部に目を移すと、ノイズの発生源となり得る異なった機能の電子機器類がぎっしりと詰め込まれており、互いに影響し合う、いわば自家中毒の環境にあります。

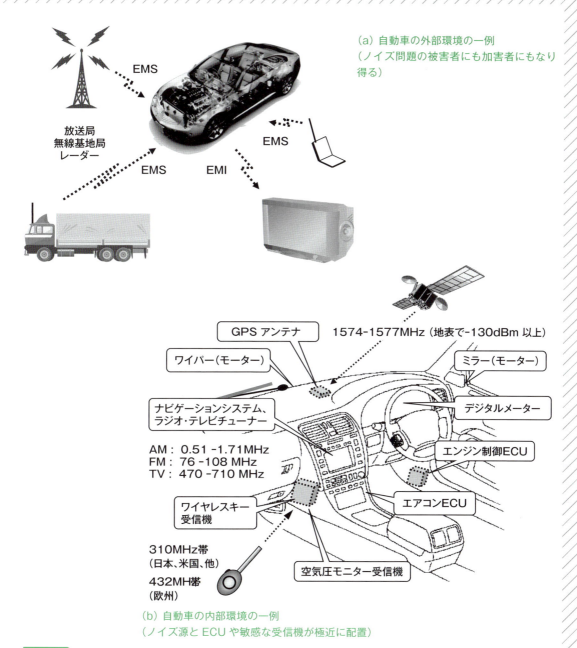

**図 1-6** 自動車内外におけるEMC環境の例（作成：筆者）

**図1-6 (b)** は**図1-5 (a)** の機器の配置をより具体的に描いたものです。これが示すように、電子機器同士の位置関係は家電製品とは比べものにならないほど近く、影響は比較にならないほど厳しいといえます。このことも自動車用電子システムに対するEMCの要求仕様が厳しい要因になっています。

## 1.3.2 自動運転システムとEMC

　**表1-2**は自動運転のレベル分けを示しています。2020年4月から自動運転車両は道路運送車両法における「自動車」として認められ、レベル5まで決められています。ここでレベル3までは最終的には運転者の責任となりますが、レベル4以上では全面的にシステムの責任となるため、もしも事故などが発生すると自動車メーカーの責任になってしまいます。前述の通り、自動運転システムではこれまでとは比較にならないほど多くの情報信号が高速で自動車内部の電子機器内や機器間の配線を走っています。

**表 1-2** 自動運転の定義（2020年政府広報資料を基に筆者が作成）

| レベル | システムによる自動運転の範囲 | 運転操作の主体 |
|:---:|:---|:---:|
| 0 | 運転者が全ての運転操作を実行 | 運転者 |
| 1 | アクセル／ブレーキ操作またはハンドル操作のいずれかを条件下で部分的に実行 | |
| 2 | アクセル／ブレーキ操作またはハンドル操作の両方を条件下で部分的に実行 | |
| 3 | 全ての運転操作を一定の条件下で実行（作動継続が困難な場合は運転者が対応） | システム／運転者 |
| 4 | 作動継続が困難な場合も含めてシステムが全ての運転操作を一定の条件下で実行 | システム |
| 5 | 作動継続が困難な場合も含めてシステムが全ての運転操作を条件なしで実行 | システム |

　また、このように自動運転を実現しようとすると、**図1-7**に示すようにハードウエアだけに着目しても、レーダー（Radar：ミリ波電磁波による前方、後方、側方の監視用レーダー）や、ライダー（Lidar：光による前方監視レーダー）、カメラ（Camera：カメラ画像の処理による周辺監視）、ソナー（Sonar：超音波による近接センサー）といった多くのセンサーによる、その時々における自動車の周辺情報を取得しなければなりません。加えて、V2V通信（Vehicle to Vehicle：他車との自動的な通信）も必要となります。さらに、放送受信による道路情報の取得やナビゲーションシステムとの連動も大切になります。何かあったら即座に自動で停止する自動ブレーキも当然ながら必要です。

　こうした一大電子システムにおいて、電磁ノイズなどによる誤動作の発生などは絶対にあってはなりません。電子機器の対EMC性能には、これまでとは比較にならないほどの厳しさが求められるのです。

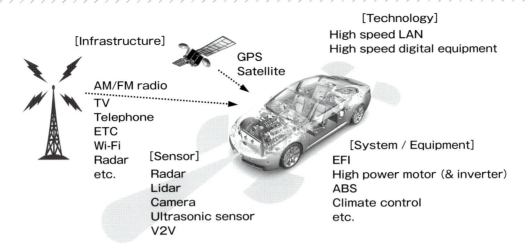

図 1-7 ▶ 高度に電子化された自動車の例（作成：筆者）

## 1.3.3　自動車用電気電子システムの大電力化と高周波化

ここまで見てきたものを、自動車内外において考慮しなければならない**電磁雑音の周波数範囲**として表しているのが**図1-8**です。

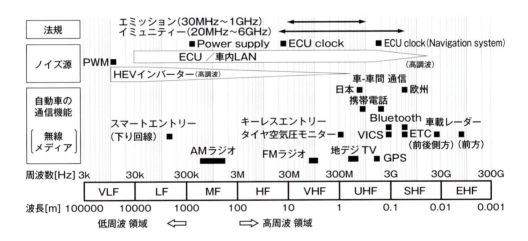

図 1-8 ▶ EMC法規（放射）とノイズ源の高周波化と通信機能拡大の一例（作成：筆者）

　ノイズ源と主な被害機器（通信関連機器のみ表示）など、EMCで考慮しなければならない周波数の範囲は、法規の範囲外まで考慮すると10k程度～80GHz程度までの広範囲にわたっています。
　なお、法規においては放射における適用周波数範囲のみ示していますが、2023年以降、**イミュニティー**の周波数範囲が6GHzまで伸びています（それまでは20M～2GHzでした）。また、**エミッション**（EMI）もイミュニティーも共に、伝導電流については以前から低い周波数ま

で規定されています。

　しかも、このような広い周波数範囲において、簡単に対ノイズ性能を確保するための特効薬などは存在しません。

　第2章以降では基本に忠実にEMC設計を行えるように、順番に考えていきます。

第 **2** 章

電子システムにおける
EMC設計

# CHAPTER 2 電子システムにおけるEMC設計

## 2.1 電気信号とそのノイズとしての振る舞い

本章では、**電磁両立性**（**EMC**）に対して最低限必要と思われる電気に関する基礎事項について簡単に解説しています。主に電気以外の他分野の方を対象にしていますが、電気工学を専攻した人も復習の意味を込めて一通り目を通しておくとよいかもしれません。特に2.1.3は考え方の基礎として極めて重要だと思うので、ぜひ確認してください。

### 2.1.1 直流電流と交流電流の違い

**直流電流と交流電流**

図2-1は直流電流と交流電流が負荷抵抗となる電球を流れる様子を表しています。

直流電流の場合、原理的には一旦スイッチをONにした後は変化せずに一定の電流が流れ続けます〔図2-1 (a)〕。一方、交流電流の場合にはスイッチをONにすると電流が流れ

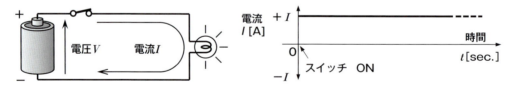

(a) 直流電源を接続したときに負荷（電球）に流れる電流

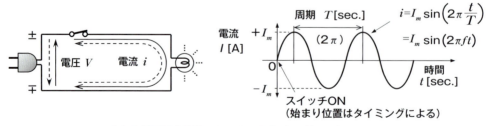

(b) 交流電源を接続したときに負荷（電球）に流れる電流

図2-1　直流電流と交流電流（作成：筆者）

始めますが、その後、一定の間隔で電流の流れる方向が反対になり、その都度電流がゼロになる瞬間が発生します。この一定の間隔のことを周期 $T$ といい、その単位は秒[sec]です。また、電流が1秒間の間に反転する回数を周波数 $f$ といい、その単位はヘルツ[Hz]です。

　それぞれの関係は図2-1 (b)に示す通りです。図2-1 (b)は正弦波状に流れる商用電源を表しています。その周波数は日本においては富士川を境に東は50Hzであり、西は60Hzです。

　また、電圧／電流が正弦波状に変化するのは発電機の原理によるものです。ここで注意すべきことは、直流の場合には後述する電界と磁界をそれぞれ分離して論じることができ、一旦電流が流れ始めた後は、空間に電磁波として放射することはありません。しかし、交流の場合には、電界と磁界がセットになって互いに切り離すことができません。さらに、その周波数が高くなると、空間に電磁波として放射するようになります。

　また、直流電源であっても、スイッチをONまたはOFFにした瞬間は過渡状態であるため、周波数成分を無限に含んでいます。従って、その際に電磁波としてのノイズを空間に放射することを知っておかなければなりません。

## 2.1.2　交流信号の波形と周波数

　一旦流れ始めた正弦波状の交流電流の流れる方向は、一定の周期で変化しているので、その周波数成分は1つしかありません。しかし、これが正弦波状でなくなると様子が変わってきます。図2-2はそのことを表しています。

　この図は、正弦波とデジタル信号の典型である矩形波の繰り返し周期とその周波数スペクトラムを表しています。どちらの信号も繰り返し周期は同じですが、そこに含まれている周波数成分は全く異なっています。正弦波信号の場合にはその周波数成分は繰り返し周波数成分の1つしかないのですが、図に示すON／OFF比が1であるDuty（デューティー）比50％の完全な矩形波の場合には、その波形は繰り返し周波数とその奇数倍の正弦波である3〜∞倍の高調波の合計が全て含まれています〔図2-2 (b)〕。

　もちろん、任意のDuty比の矩形波の場合には偶数次の高調波も含まれています。このように、繰り返し周波数が低い矩形波であっても、その信号波形には高調波が多量に含まれているため、高次高調波は高周波のノイズ源となってしまいます。

　以上は発振信号などの場合ですが、それ自体が発振器を持たない単なる増幅器であっても、その入出力の関係が完全に線形ではなく、歪みの多い増幅器であれば、増幅行為そのものが直流成分や高調波を発生することになります。図2-3 (b)は電源電圧の制約によって一定以上の大きさの入力信号は増幅しきれず、出力に歪みが発生している様子を示しています。

025

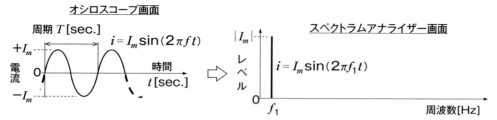

(a) 正弦波の時間に対する変化とその周波数成分

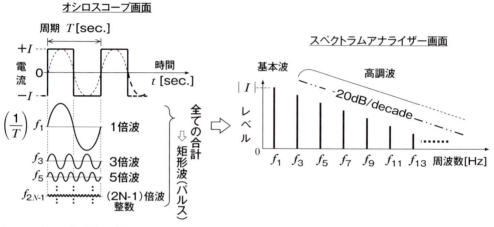

(b) Duty 50％の矩形波の時間に対する変化とその周波数成分

**図 2-2** 正弦波と矩形波の時間的変化と周波数成分（作成：筆者）

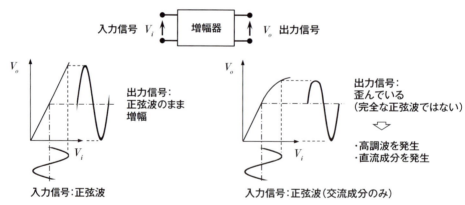

(a) 理想的な線形増幅器の入出力波形　　(b) 非線形な増幅器の入出力波形

**図 2-3** 線形増幅器と非線形増幅器（作成：筆者）

一般に、歪みのある増幅器の入力信号 $V_i$ に対する出力信号 $V_o$ は(2.1)式のように表されます。

$$V_o = f(V_i) = a_0 + a_1 V_i + a_2 V_i^2 + a_3 V_i^3 + \cdots + a_N V_i^N + \cdots \quad (2.1)$$

これに正弦波信号 $V_i = V_m \sin\omega t$ を入力すると、以下の(2.2)式の出力信号が現れます。ここで $\omega = 2\pi f$ であり、直流成分を持たない入力信号ということで $a_0 = 0$ としています。

(2.2)式で振幅 $V_m$ は係数 $a_N$ の中に含まれています。

$$V_o = f(V_i) = a_1(\sin\omega t) + a_2(\sin\omega t)^2 + a_3(\sin\omega t)^3 + \cdots + a_N(\sin\omega t)^N + \cdots$$

$$= a_1(\sin\omega t) + a_2\left(\frac{1-\cos 2\omega t}{2}\right) + a_3\left(\frac{\sin\omega t - \sin 3\omega t}{4}\right) + \cdots$$

$$= b_0 + b_1(\sin\omega t) + b_2(\cos 2\omega t) + b_3(\sin 3\omega t) + \cdots \qquad (2.2)$$

入力部に周波数成分が1つしかない正弦波を入力しても、式(2.2)が示すように増幅器の歪みにより、その出力には多量の高調波が付加された信号が現れてしまいます。歪みの多い増幅器があれば、それが単なる増幅器であっても高周波ノイズの発生器になり得るのです。

また、新たに直流成分である $b_0$ ($=a_2/2 + \cdots$) が発生することも、**図2-3 (b)** において出力信号波形の上下面積が異なることからも直感的に分かると思います。

### 2.1.3　交流信号の伝播と波長

高周波回路を設計する場合には基本的に周波数で考えることが多いのですが、EMCの場合には波長λで考えることが重要です。その理由は、ノイズの放射や受信に関しては配線や筐体（きょうたい）の共振、シールドの接続間隔などにおいて、機器の物理的なサイズと電気的なサイズとの関係を考慮する必要があるからです。

なお、交流信号の電力は、往復配線となる導体内部の自由電子が直接運ぶわけではありません。配線に電源を投入すると、その電界によって加速された電子はすぐに近くの原子にぶつかり、振動して熱を発生します（これを抵抗があるといいます）。すなわち、電子1

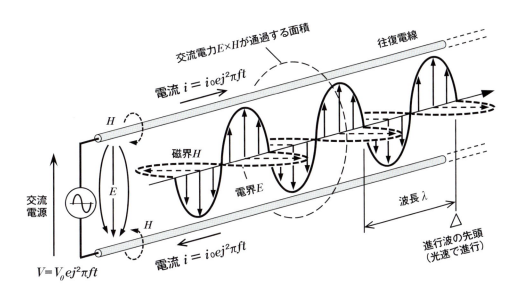

**図2-4** 電磁場の進行と電力の流れ（作成：筆者）

個当たりの平均移動速度は非常に遅く、電流にもよりますが、せいぜいcm/secのオーダーです。それにもかかわらずスイッチをONにすると遠く離れた街路灯などが瞬時に点灯するのを見ると、電流は光の速度で流れているように思えます。これは往復配線間の電磁界(電磁場:Electromagnetic Field)という場が、交流電力を運んでいるからです。

**図2-4**はこのことを示しています。往復配線間にできる電界$E$[V/m]と磁界$H$[A/m]が、面積$S$[m$^2$]の部分を通過するとき、$(E \times H) \cdot S$という電力となって往復配線をガイドとして進行する様子を表しており、このときの電力の進行速度は、空気中ではほぼ光の速度です。この$E \times H$を**ポインティング電力**といい、面積1m$^2$の法線方向を通過する電力を表しています。また、このとき、波動の1サイクルが進行する距離を1波長($\lambda$)といいます。

ちなみに、この1波長の長さの例を示すと以下の大きさになります。

・商用電源:60Hz
(低周波信号)

$$波長\lambda = \frac{光速:3 \times 10^8 [\text{m/sec}]}{周波数:60 [\text{Hz}]} = 5000\text{km}$$

・地デジTV:500MHz
(高周波信号)

$$波長\lambda = \frac{光速:3 \times 10^8 [\text{m/sec}]}{周波数:5 \times 10^8 [\text{Hz}]} = 60\text{cm}$$

商用電源程度の周波数では、その波長は日本列島の倍以上の長さであるため、身近なサイズの配線上では瞬間的にどの位置も同じ電位です。しかし、地デジTV程度の500MHzになると、その1波長は60cmしかありません。そのため、ある瞬間における回路基板内の電位が異なり、後に述べる共振が起きれば定在波が発生して、常に電位の異なる一定の場所ができてしまいます。

また、往復配線は電力伝送の際に電界と磁界を維持するガイドとなります。そのため、往復配線の位置関係が極力、極近で一定でないと、配線間の電力伝送に支障を来してノイズとして放射しやすくなる原因です。このことは、非常に重要であり、今後説明するあらゆる対ノイズ設計対応の基礎となります。

### 2.1.4 交流信号とインピーダンス

**インピーダンス**は直流抵抗とは違ってシンプルではないのですが、その概念は大変重要なので、ここでは少し詳細に記述します[2]。

## (1)抵抗

**図2-5**は**抵抗**$R$[Ω:ohm]に電圧を印加した状態を表しています。ここでは、このとき

の印加電圧と抵抗を流れる電流の関係について述べます。

　抵抗器$R$の両端に電圧$V$[V]を印加すると**オームの法則**に従って電流$I$[A]が流れ、その流れる電流は$R$で消費されて熱エネルギーに変わります。このことは交流であっても直流と同じであり、その**消費電力**$P$[W：watt]は[抵抗両端の電位差$V$×流れる電流$I$]です（交流の場合は電位差も電流も直流換算の実効値）。

　このように素直に計算できるのは、この場合には電圧が最大のときに同時に電流も最大になるためです。これを電圧と電流の**位相**が同じであるといいます。**図2-6（a）**はそのことを表しています。

　このRのことを抵抗（resistor）といい、単位はオーム（Ω：ohm）です。これは純抵抗であるため、複素平面上で表現すると実軸上の正の方向を向いた＋$R$[Ω]と表現されます〔**図2-6（b）**〕。

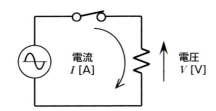

**図2-5** 抵抗への電圧印加と流れる電流 （作成：筆者）

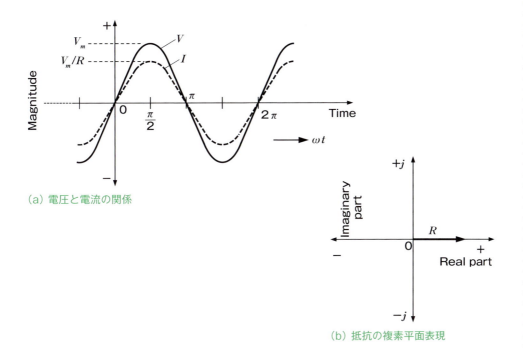

(a) 電圧と電流の関係

(b) 抵抗の複素平面表現

**図2-6** 抵抗における電圧と電流の位相差と抵抗の複素数表現 （作成：筆者）

（2）リアクタンス

**インダクタンスによるもの**

　**図2-7**は**インダクターL**に電圧を印加した状態を表しています。ここでは、この電圧とインダクターを流れる電流の関係について述べます。

　コイルの両端に電圧$V$を印加すると電流$I$が流れます。この印加する電圧が直流である場合には流れる電流によって磁界ができます。そこを流れる電流の流れとしては、単なる導線に電流が流れているのみです。

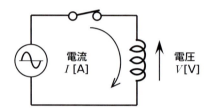

図2-7　インダクターへの電圧印加と流れる電流（作成：筆者）

　この印加する電圧が交流の場合には電流が周期的に変化するために、コイルの作る磁界の大きさも変化します。自然界には慣性力が働くので、**レンツの法則**に従って磁界の変化を妨げる向きに反発磁界を発生させようとして、印加電圧による電流と反対向きの電流が発生します。

　これがインダクターに交流電流が流れにくくなる要因であり、これをコイルの**自己インダクタンス**といいます。交流電流が流れると、抵抗と同じように電圧降下が発生します。この場合は抵抗と違って電力を消費するのではなく、交流の半サイクル中に磁界の形でコイルに蓄積した電力を、次の半サイクルで電源側に放出するという一時的な電力蓄積の働きをしています。これを**リアクタンス**といいます。

　コイルのリアクタンスは電流の大きさそのものではなく、電流の変化に対して大きさを持ちます。この電流$I$[A]の変化の大きさと電圧$V$[V]の大きさとの間の関係式(2.3)の係数$L$[H：ヘンリー]をインダクタンスといいます。

$$V = L\frac{dI}{dt} \quad (2.3)$$

この(2.3)式の両辺を積分すると、以下の式(2.4)が得られます。

$$I = \frac{1}{L}\int V dt \quad (2.4)$$

印加する交流電圧は、以下の(2.5)式に示す振幅$V_m$[V]の正弦波とします。

$$V = V_m \sin\omega t \quad (2.5)$$

この(2.5)式の電圧Vを(2.4)式に代入すると、以下の(2.6)式で示される印加電圧と流れる電流との関係が得られます。

$$I = \frac{1}{L}\int(V_m\sin\omega t)dt = \frac{1}{L}\left(-\frac{1}{\omega}V_m\cos\omega t\right) = \frac{1}{\omega L}V_m\sin\left(\omega t - \frac{\pi}{2}\right) \quad (2.6)$$

この(2.6)式の最右辺と印加電圧である(2.5)式とを比べてみると、以下のことがいえます。

・電流は電圧に対して同じ正弦波で位相が$\pi/2$（90°）遅れている。
・電圧と電流の比は[V]/[I]＝$\omega L$で、単位は抵抗と同じ[Ω]である。

この$\omega L$がリアクタンスであり、回路計算上は抵抗と同様に扱えます。しかし、その性質は前記のように異なり、電圧に対して電流は$\pi/2$（1/4サイクル）遅れています。時間経過により、反時計方向の回転方向を正方向とする複素平面上に抵抗を正（＋）の実軸として表現すると、電力を消費しないインダクターによるリアクタンスは電流の位相が$\pi/2$遅れているので、虚軸上で＋$j\omega L$[Ω]と表現されます。

これらのことをまとめて表したのが**図2-8**です。

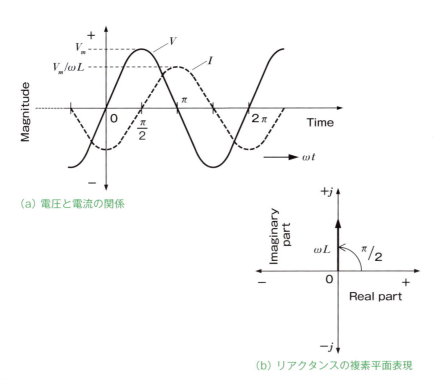

(a) 電圧と電流の関係

(b) リアクタンスの複素平面表現

**図2-8** インダクタにおける電圧と電流の位相差とリアクタンスの複素数表現（作成：筆者）

### キャパシタンスによるもの

**図2-9**は**キャパシター**$C$に交流電圧を印加した状態を表しています。ここでは、このときの印加電圧と流れる電流の関係について述べます。

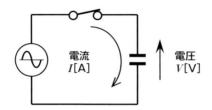

図2-9　キャパシターへの電圧印加と流れる電流（作成：筆者）

キャパシターの両端に直流電圧を加えると、電極に向かって**電荷**$Q$[Coulomb]が移動し、プラスとマイナスの電荷がそれぞれ互いに引き合って電極にとどまります。

このように、キャパシターは電荷を蓄積するので**コンデンサー**（蓄電器）ともいいます。ただし、そこでの電荷が蓄積能力いっぱいまで貯まると電荷の移動はなくなり、電極間は単に絶縁状態になります。この電荷$Q$の蓄積能力は**静電容量**$C$[F：farad]と印加電圧$V$[V]の積によって決まります。

このとき導線に流れる電流Iは、電荷$Q$の移動時間$t$[sec]による変化によって(2.7)式の様に決まります。交流電圧を印加した場合には、前記の直流の場合のように最終的に静止状態がくるわけではなく、この変化が連続して持続するのです。

$$I = \frac{dQ}{dt} = \frac{d}{dt}CV \quad (2.7)$$

この(2.7)式に、(2.5)式の交流電圧を代入すると、以下の(2.8)式で示される印加電圧と流れる電流との関係が得られます。

$$I = \frac{d}{dt}CV_m \sin\omega t = C\omega V_m \cos\omega t = \omega CV_m \sin\left(\omega t + \frac{\pi}{2}\right) \quad (2.8)$$

この(2.8)式の最右辺と印加電圧である(2.5)式とを比べてみると、以下のことがいえます。

・電流は電圧に対して位相が$\pi/2$（90°）進んでいる。
・電圧と電流の比は[V]／[I]＝$1/\omega C$で、単位は抵抗と同じ[Ω]である。

この$1/\omega C$を**リアクタンス**といい、回路計算上は抵抗と同じように扱えます。しかし、その性質は半サイクルで蓄積した電荷を次の半サイクルで電源側に放出するという、一時的に電力を保存するものであり、電力を消費するわけではありません。電圧に対して電流

は$\pi/2$（1/4サイクル）進んでいるので、これを複素平面上で表現すると、キャパシターによるリアクタンスは虚軸上で$-j/\omega C$［Ω］と表現されます。なお虚数の性質より$-j/\omega C = 1/j\omega C$です。

これらのことを表したのが**図2-10**です。

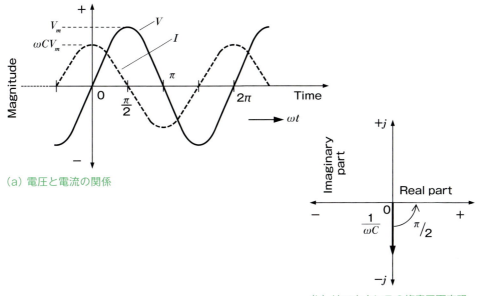

(a) 電圧と電流の関係

(b) リアクタンスの複素平面表現

**図2-10** キャパシターにおける電圧と電流の位相差とリアクタンスの複素数表現（作成：筆者）

## （3）インピーダンス

**図2-11**は、これまで述べた抵抗とリアクタンスを形成するインダクターとキャパシターを直列に接続したものに交流電圧を印加したときに流れる電流を表しています。

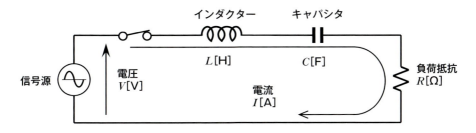

**図2-11** 抵抗とリアクタンスが直列に接続された回路の電圧と電流（作成：筆者）

これまでの結果の複素数表示を用いて流れる電流を求めると、以下の(2.9)式となります。分母は電力を消費するのみである抵抗$R$を実数項とし、一時的に電力を蓄積するインダクター$L$とキャパシター$C$のリアクタンスを虚数項とする複素数表現として、直列であることから

これら全てを加えた形になっています。

$$I = \frac{V}{R+j\omega L + \frac{1}{j\omega C}} = \frac{V}{R+j\omega\left(L-\frac{1}{\omega^2 C}\right)} \quad (2.9)$$

この分母の抵抗とリアクタンスの組み合わせの合計を**インピーダンス**$Z$[Ω：ohm]といい、計算上抵抗のように取り扱って流れる電流を算出できます。この回路における電圧と電流の関係を表したのが**図2-12**です。

この図はリアクタンス分の成分が$|1/j\omega C| < |j\omega L|$である場合として表しています。この場合はリアクタンス値の合計が$\omega L - 1/\omega C > 0$となるので虚数項が+となり、電圧に対して電流はφ[Degree or Radian]遅れることになります。これらのことは**図2-12 (b)**からも分かるように、この場合のインピーダンスの絶対値$|Z|$は以下の(2.10)式で求めることができます。

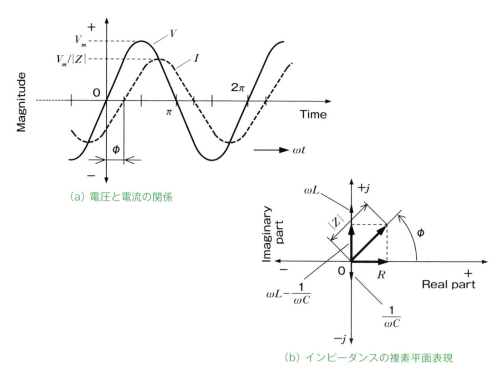

(a) 電圧と電流の関係

(b) インピーダンスの複素平面表現

**図2-12** 直列回路における電圧と電流の位相差とインピーダンスの複素数表現（作成：筆者）

$$|Z| = \sqrt{R^2 + \left(\omega L - \frac{1}{\omega C}\right)^2} \quad [\Omega] \quad (2.10)$$

また、電圧に対する電流の**遅れ**φは以下の(2.11)式で求めることができます。

$$\phi = \tan^{-1} \frac{\omega L - \dfrac{1}{\omega C}}{R} \ [\text{deg}] \qquad (2.11)$$

　この回路では電圧と電流の関係は(2.9)式の関係となります。抵抗$R$で消費する電力を求める場合には、電圧と電流の位相が$\phi$だけずれているので、電圧と電流の実効値の積に$\cos\phi$(力率)を乗じなければなりません。

　最後に、この$LCR$が直列に接続された回路を流れる電流の大きさが周波数の変化に伴ってどのように変化しているのか見てみましょう。

　改めて(2.9)式を見ると次のことが分かります。

・周波数が0、すなわち直流のときは分母が∞になるので電流$I$=0になります(直列ループ内のキャパシターにより直流的には絶縁状態)。
・周波数が∞になるとCの項は$1/\omega C \to 0$でショート状態になりますが、$L$の項は$\omega L \to \infty$になるのでやはり$I \to 0$になります。
・インピーダンスの虚数項が0のときには電流$I$は極大になり、そのときの電流は直流のときと同じ$I=V/R$になります。この虚数項が0となる状態のことを共振といいます。このときの共振周波数$f_0$は、(2.9)式の虚数項を0とすることより、以下の(2.12)式で求めることができます。

$$f_0 = \frac{1}{\omega\sqrt{LC}} = \frac{1}{2\pi\sqrt{LC}} \ [\text{Hz}] \qquad (2.12)$$

　この共振の鋭さを表す指標として$Q$が用いられます。この$Q$はリアクタンス値と抵抗値によって決まり、その値は下記で定義されます。

・$Q=\omega L/R (=1/\omega CR)$：1周期の間の蓄積する電力と消費電力の比
　また、このときの共振の鋭さは以下となります。
・$Q=f_0/\varDelta f$：ピークとなる周波数と半値幅の比
　損失Rが小さければ$Q$値は大きくなり、共振は鋭く(狭帯域に)なります。損失$R$が大きいと$Q$値は小さくなって共振は緩慢(広帯域)になります。このことは、回路設計において非常に重要なファクターです。

　この電流の周波数特性と$Q$を表しているのが**図2-13**です。
　このように、共振時に電流が極大になる$LCR$直列回路のことを直列共振回路といいます。

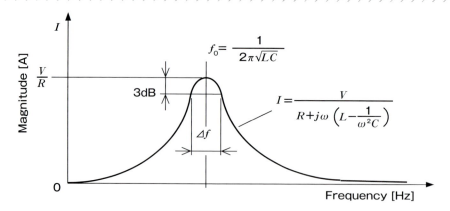

**図2-13** 電流の周波数特性（作成：筆者）

共振時のループインピーダンスは最小で、純抵抗になります。

以上、直列共振回路の場合において考えてきましたが、LCRが全て並列接続である**並列共振回路**の場合には、共振時のインピーダンスは最大の純抵抗Rとなり、直列共振回路とは逆に電圧型の高インピーダンス回路になります。並列共振回路の場合にはその**Q値**は直列共振回路の場合と異なり、$Q=R/\omega L$となるので注意してください。

また、Qは共振の良さを表すといわれますが、実際の回路においてはQ値が大きいほど良いとは限りません。例えば、LC共振回路をAMラジオの高周波入力部の単同調回路として使用した場合、Q値が大きいと共振が鋭くなるために選択度は良くなり、放送周波数の異なる他局が混入しにくくなるので、高周波性能は良くなったように思われます。しかし、Q値が大き過ぎると帯域幅（$\Delta f$）が狭くなり過ぎてしまい、変調波（低周波の情報信号）が歪んだり高い周波数成分が失われたりしてしまいます。従って、設計する際には適切なQ値を選択しなければなりません。

## （4）配線を流れる交流電流

負荷を接続した配線に電流が流れれば、閉回路を成している配線には**自己インダクタンス**が発生し、往復配線間には電位差があるので線間に静電容量が存在するようになります。

**図2-14**は直流電源と交流電源を接続したときの配線の自己インダクタンスLと静電容量Cを等価的に描き、配線を経由して負荷に流れる電流を表しています。静電容量は配線に連続的に分布するので**図2-14**の等価回路は厳密には配線の場合と異なりますが、ここでは仮にこのようにしておきます。また、配線と電源内部の直流抵抗は省略しています。

このときに負荷抵抗を流れる電流は、電源が直流電源の場合、定常的に電流が流れているときには配線は単なる導線であるとみなせるので、負荷抵抗Rに流れる電流Iの大きさはオー

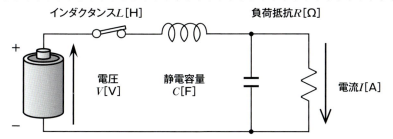

(a) 直流電源の場合

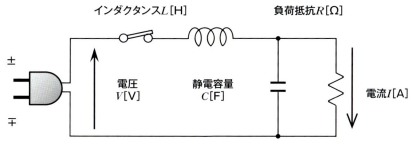

(b) 交流電源の場合

**図2-14** ▶ 配線を経由して負荷抵抗を流れる電流の簡略モデル（作成：筆者）

ムの法則に従って単に以下の(2.13)式の関係になります〔**図2-14(a)**〕。

$$I = V/R \quad [A] \quad (2.13)$$

ところが、**図2-14(b)**のように正弦波の交流電源を接続すると様子が変わり、負荷に流れる電流は以下の(2.14)式の大きさになります(計算過程は省略)。

$$I = \frac{V}{R(1-\omega^2 LC) + j\omega L} \quad [A] \quad (2.14)$$

単なる配線であっても、そこを流れる電流が交流電流で、しかも周波数が高くなるほど電流は流れにくくなり、その途中の周波数では共振も発生します。このように、単なる配線であっても、そのリアクタンス成分を考慮しなければなりません。配線というのは厄介な存在です。

もちろん、これらによるリアクタンスの値はインダクターやキャパシターなどの個別デバイスと比べると、よほど長い配線でもない限り小さい値ではありますが、ここでは配線のリアクタンスに関わる挙動について、少し考えてみたいと思います。

## 集中定数としての配線

往復する配線の自己インダクタンス $L$ は、両配線の直径 $2a$ が同じで長さ $l$ の細い配線が間隔 $d$ で配置されている場合には、電流が配線表面を流れて導体の内部インダクタンスを

ほぼ無視できる場合には(2.15)式で計算されます[3]。この場合、条件としては$a \ll d$です。

$$L \cong \frac{l}{\pi} \left( \mu_0 \ln \frac{d}{a} + \frac{\mu}{4} \right) \ [\mathrm{H}] \qquad (2.15)$$

　一方、前記と同じサイズの配線が無限に大きいグラウンドプレーン上に高さ$h$で配置されている場合の自己インダクタンス$L$は(2.16)式で計算されます[3]。この場合も条件としては$a \ll h$です。

$$L \cong \frac{l}{2\pi} \left( \mu_0 \ln \frac{2h}{a} + \frac{\mu}{4} \right) \ [\mathrm{H}] \qquad (2.16)$$

　また、どちらの式も$\mu_0 = 4\pi \times 10^{-7}[\mathrm{H/m}]$、$\mu$=導体の比透磁率$\times \mu_0$であり、各寸法$a$、$d$、$h$、$l$の単位は[m]です。

　これらを用いて、配線径$2a$=0.5mm、配線長$l$=1mの場合に往復配線間の間隔$d$、およびグラウンドプレーンからの高さhを変えた場合の自己インダクタンスの変化の様子を描いたのが**図2-15**です。

　この計算においては高周波の雑音電流は配線の表面を流れるものとして、(2.15)式と(2.16)式のうちの導体内部の磁界に関する右辺括弧内の最終項である$\mu/4$は省略しています。

　**図2-15**を見ると、以下のことが分かります。

・往復配線が共に同じ細い配線の場合よりも、一方が広いグラウンドプレーンの場合のほうが自己インダクタンスの値は小さくなります。
・どちらの場合も往復配線間隔が小さくなるほど自己インダクタンスの値は小さくなりますが、間隔が5～10mm程度よりも小さくなると急激に変化しています。本来(2.15)式と(2.16)式は$a \ll d$ or $h$を条件としているので計算としての厳密性は欠きますが、後述する回路基板での測定結果(**第3章3.1.1**を参照)と体感的には同様であると思われるため、あえてこのままとしました。

　この1mの長さの配線において$d$と$h$が5mmのときの1MHz時のリアクタンスを求めると、往復2配線では$|Z_L| \cong 7.5\,\Omega/\mathrm{m}$が得られ、グラウンドプレーン上の配線では$|Z_L| \cong 4.7\,\Omega/\mathrm{m}$が得られます。これらの値を大きいと見るか小さいと見るかです。長さが1mの配線における大きさとしては、電流が大きいときには大きな電圧降下につながるので、影響が大きいといわざるを得ません。

次に、**キャパシタンス**についてです。往復する2配線間のキャパシタンス$C$は(2.17)式で計算され、一方の配線が無限に大きいグラウンドプレーンの場合には(2.18)式で計算されます[3]。

$$C = \frac{\pi \varepsilon_r \varepsilon_0 l}{\ln\left(\frac{d-a}{a}\right)} \ [\text{F}] \quad (2.17)$$

$$C \cong \frac{2\pi \varepsilon_r \varepsilon_0 l}{\ln\left(\frac{2h}{a}\right)} \ [\text{F}] \quad (2.18)$$

どちらの式も、$\varepsilon_0 \cong 8.854 \times 10^{-12}[\text{F/m}]$、$\varepsilon_r =$ 比誘電率（空気中ではほぼ1）、各寸法 $a$、$d$、$h$、$l$ の単位は[m]です。

これらを用いて、先のインダクタンス計算の場合と同様に、往復配線間の間隔を変えた

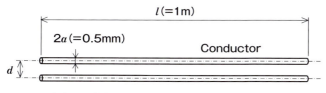

平行な2配線（2配線の寸法は同じ）

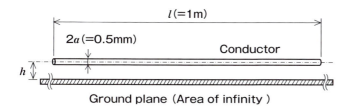

広いグラウンドプレーン上の配線

（a）配線のモデル

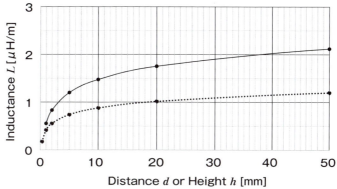

（b）往復配線のインダクタンス

**図2-15** 往復配線による自己インダクタンスの配線間距離依存性（作成：筆者）

場合における配線間の容量の変化を描いたのが**図2-16**です。

**図2-16**から、以下のことが分かります。

・往復配線が共に同じ細い配線の場合よりも、一方が広いグラウンドプレーンの方が配線間容量は大きいといえます。
・どちらの場合も往復配線間隔が小さくなるほど配線間容量は大きくなりますが、間隔が5～10mm程度よりも小さい場合には急激に大きく変化しています。これもインダクタンスの場合と同様に、配線間隔が極近になると厳密性に欠けますが、筆者の実験経験からも納得できる変化であるため、このままとしておきました。

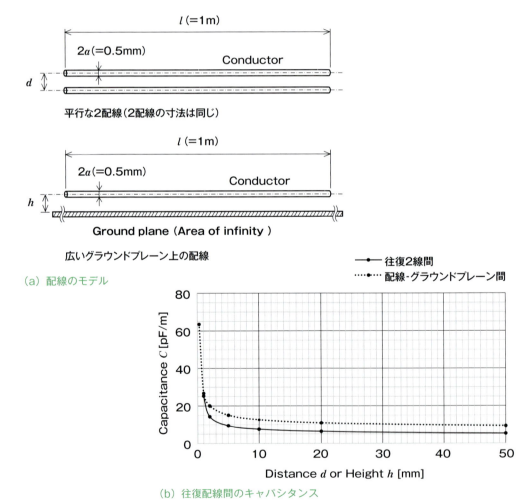

**図2-16** 往復配線間のキャパシタンスの配線間距離依存性（作成：筆者）

この1mの長さの配線において、$d$と$h$が5mmのときにおける1MHz時のリアクタンスを

求めてみると、往復2配線では$|Z_C|\cong16.9\text{k}\Omega/\text{m}$が得られ、グラウンドプレーン上の配線では$|Z_C|\cong10.6\text{k}\Omega/\text{m}$が得られます。

これらの値を大きいと見るか小さいと見るかですが、インダクターの場合とは異なり配線間に前記の値が並列に入るので、高抵抗が負荷として接続されるセンサーなどの回路では注意が必要です。

以上のように、配線によってリアクタンス成分が思わぬ大きさになっている場合も多々あるので、設計に際しては注意が必要です。

また、以上の話は配線や負荷抵抗などの部品の物理的な大きさが、そこを流れる信号の波長に対して無視しても構わない小さなサイズの場合です。この場合の回路定数を**集中定数**といいます。これが波長に対して無視できない大きさになると、大きさや場所によって電位が変わったりするので、分布定数として考えなければならなくなります。ここで、その分布定数線路の考え方について簡単に触れておきます。

### 分布定数としての配線

**図2-17**は、分布定数線路として考えた配線に信号源と負荷を接続しようとしている状態を表しています。配線にはインダクタンス$L$[H/m]、配線の直列抵抗$r$[Ω/m]、配線間容量$C$[F/m]、配線間のリーク分である漏れコンダクタンス$g$[S/m]が存在し、配線に連続的に分布しています。

なお、$L$と$r$は往復配線の両方にありますが、**図2-17**では片方の配線で代表させています。

これらより電信方程式を立てて解き、電圧と電流の比を取ると$Z_0$というインピーダンスの概念が求まります。この$Z_0$を線路の**特性インピーダンス**といいます。

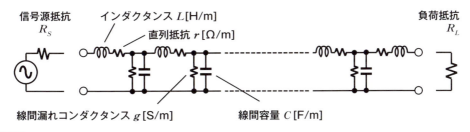

**図2-17** 分布定数線路のモデル（作成：筆者）

**図2-15**に示す配線の特性インピーダンス$Z_0$は、結果だけを示すと以下の(2.19)式の形になります。

$$Z_0=\sqrt{\frac{r+j\omega L}{g+j\omega C}}\;[\Omega] \qquad (2.19)$$

単位は抵抗と同じ［Ω］である。これは複素数なので取り扱いが面倒ですが、配線長が短く信号の周波数が高い場合には $r \ll |j\omega L|$、$g \ll |j\omega C|$ となります。このとき $Z_0$ は無損失分布定数回路とみなすことができ、(2.19)式は(2.20)式で表されるように簡単な形になって純抵抗になります。

$$Z_0 = \sqrt{\frac{L}{C}} \quad [\Omega] \qquad (2.20)$$

この $Z_0$ は電圧と電流の関係から算出されたものであり、抵抗器のような実体のある純抵抗と同じようにテスターなどで測定することはできません。

ここで、先ほどの配線のインダクタンスとキャパシタンスの値を用いて配線の特性インピーダンスを求めたのが**図2-18**です。

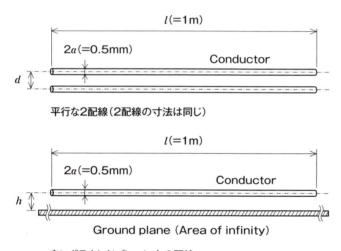

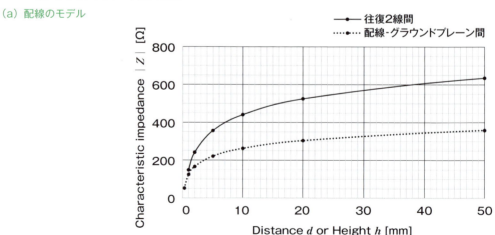

(a) 配線のモデル

(b) 往復配線の特性インピーダンス

**図2-18** 往復配線の特性インピーダンスの配線間距離依存性 （作成：筆者）

この図から以下のことが分かります。

・往復配線が共に同じ細い配線の場合よりも、一方が広いグラウンドプレーンのほうが特性インピーダンスの値は小さくなります。
・どちらの場合も往復配線間隔が小さくなるほど特性インピーダンスは低くなり、間隔が小さくなるほど急激に低下することが分かります。

　インダクタンスも配線間容量も配線間隔と配線の太さとの比率で決まるので、実際のワイヤハーネスにおける挙動も、このミニチュアモデルの結果をスケールアップさせて考えればよいと思います。

　ワイヤやワイヤハーネスは、コモンモードの帰路電流が流れている車体やグラウンドプレーンに極力密着させるほうが、特性インピーダンスが低くなります。このことは特にまとまった電流が流れる低インピーダンス回路との整合状態がよくなり、反射が少なくなる(後述)ので、ノイズ放射の観点において有利であるといえます。

　ここで、**図2-17**において配線の両端に内部抵抗$R_S$[Ω]の信号源と$R_L$[Ω]のそれぞれ任意の値の負荷抵抗を接続した場合、一般的には配線の両端において信号は反射するので、そのために特定の周波数で後述する定在波が立ってしまいます。$R_S=R_L=Z_0$という条件を満たす場合には前記の反射は起きず、この系は配線が長くても配線の定数がないのと同じことになり、信号は素直に伝送して(もちろん配線での電力消費はなく)負荷$R_L$は信号源から信号を最大に引き出すことができます。この場合、この系が**インピーダンス整合**しているといいます。現実には一般的な回路の基板パターンや一般配線においては常に整合することは考えられませんが、ここで述べたことは意識しておく必要があります。

### 2.1.5　交流信号の共振と定在波

　**図2-19**は、前項と同様に無損失分布定数線路とみなした配線に信号源と負荷を接続しようとしている状態を表しています。その下側のグラフは、信号源と配線と負荷抵抗の関係を変化させた場合における線路上の電圧と電流の分布を表現しています。

　**図2-19 (a)**は配線に信号源と負荷を接続し、全てのインピーダンスが同じ値である整合状態を表しています。この場合には信号源から負荷までのどこでも信号の反射は起きないので、信号はこの図に示すような信号源から負荷に向かう進行波しか存在せず、正弦波状に変化しながら全てが負荷にたどり着きます。この場合には配線がどのような長さ$l$であっても、電圧と電流の分布は同じです(図の波高値は信号が最大の瞬間を示しています)。

　**図2-19(b)**は、配線の負荷端側に何も接続していないときの配線上の電圧と電流の分布、

および配線の信号源側から見た入力インピーダンスを示しています。負荷端は解放されているのでここの電圧は最大、電流は0です。

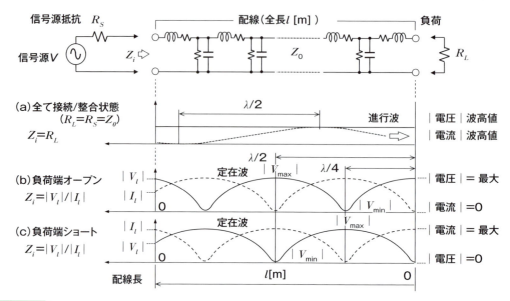

**図2-19** 信号源と負荷を接続した線路と負荷オープン時の電圧／電流波形（作成：筆者）

　この場合、負荷に向かって進行する信号は行き先がないので、全て反射して信号源側に反射してしまい、前記の進行波と同じ大きさの反射波（後退波）とが重なり合い、**図2-19(b)**に示すような負荷端側から常に一定の場所で節と腹とを持って振動する**定在波**が生じます。

　この定在波は**図2-19(a)**の進行波と比べると波長が1/2になったように見えますが、周波数が変わったわけではなく、進行波と反射してくる後退波とが重なり合った結果、このようになっています。このとき、負荷端から任意の長さl部分における入力インピーダンス$Z_i$は、その場所における電圧と電流の関係から$|Z_i|=|V_l|/|I_l|$となります。ここで、配線長が負荷端から$\lambda/4$となる長さのときは配線入力部において｜電圧｜は0、｜電流｜は最大となるので、この場合は配線の入力インピーダンスは最小となり、配線が$\lambda/4$共振しているといいます。

　また、配線長が負荷端から$\lambda/2$のときには｜電圧｜は最大、｜電流｜は0となるので、この場合は配線の入力インピーダンスは最大になり、配線が$\lambda/2$の共振をしているといいます。配線がこれらの状態の場合にその共振や反共振の周波数近傍に合致する雑音電流や雑音電圧が存在していると、その配線からの放射が最大になってしまい、また外来放射ノイズに対する感受性も最大になってしまいます。

　**図2-19(c)**は負荷端を短絡したモデルですが、この場合には負荷端で電流が最大に、電圧が0となり、定在波は**図2-19(b)**の電圧と電流を入れ替えただけなので、説明は省略

します。

　一般の配線においては整合状態で使用されていることはほとんどなく、**図2-19 (a)** と**図2-19 (b)** や**図2-19 (c)** との間の状態であることが普通であり、配線上に定在波が存在していることになります。この大きさを求めると以下になります。

　特性インピーダンス $Z_0$ の配線とそこに接続されるインピーダンス $Z$ の大きさが異なる場合には、その接続部分で反射が発生し、その反射の大きさは以下の(2.21)式に示す**反射係数** $\varGamma$ となります。

$$\varGamma = \frac{|Z-Z_0|}{|Z+Z_0|} \quad (2.21)$$

　すると、前記の説明のように配線上に定在波が立ち、その大きさは反射係数から求めると(2.22)式に示す定在波比 $\rho$ となります。

$$\rho = \frac{|1+\varGamma|}{|1-\varGamma|} \quad (2.22)$$

　これは前記の説明の定在波そのものであり、**図2-19** に示す電圧の最大値と最小値の比 $|V_{max}| / |V_{min}|$ を表しています。この定在波比はその系の配線や部品などの信号通過の目安として用いられます。

　ここで、これまで述べた考え方を、よくある事例として一般的な電子システムに拡張したのが**図2-20** です。

　**図2-20 (a)** の場合には、回路基板両端には何も接続されていないので、基板のサイズが $\lambda/2$ となる周波数の雑音電流が基板全体に拡散した場合、この雑音電流は端部では0、中央部では最大になるので、基板全体が $\lambda/2$ アンテナであるともいえます。この場合、基板の両端を大きなグラウンドプレーンに接続(接地)すると、図の電圧と電流の関係は逆になります。

　**図2-20 (b)** では、ノイズ源となる電子機器の回路グラウンドは車体／シャーシに対してフローティング状態です。これにワイヤハーネスを介して接続されている他の電子機器の回路グラウンドは車体／シャーシに接続されているので、全体を流れるコモンモード雑音電流は、他の電子機器の部分で最大となります。この系の全長を $\lambda/4$ とする周波数の雑音電流があれば、この系はそのノイズを効率良く放射する共振アンテナを形成しているともいえます。

　また、逆に、これらは外来ノイズに対する効率の良い受信アンテナ系ともいえます。このように、系全体がアンテナとしてノイズのやり取りをしてしまうわけです。

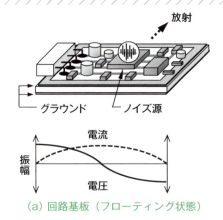

(a) 回路基板（フローティング状態）

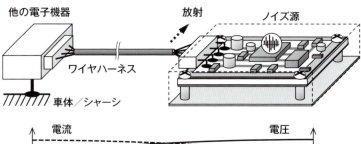

(b) 一方の電子機器がフローティング状態のシステム

**図 2-20** 回路基板と電子システムにおける共振⇒放射の例（作成：筆者）

### 2.1.6 信号の大きさの対数表現

　増幅器や減衰器などでは信号の大きさを **dB**（decibel）という対数で表現することがあります（**図 2-21**）。このdBは米AT&T Bell研究所が始めた計算法であり、十分の一率であるdeciと研究所名Bellを合せた、米国人による造語です。

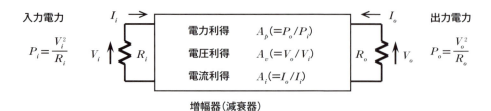

**図 2-21** 増幅器（減衰器）の利得（作成：筆者）

このdBは底を10とする対数を用いて掛け算を足し算で、割り算を引き算でそれぞれ表現するものであり、桁数の大きな数値の演算に有利であるため、計測器を始めとして広く用いられています。

dBは**図2-21**の系において、入力電力に対する出力電力、すなわち電力利得として以下で定義されています。

$$10log_{10}(A_p) = 10log_{10}\left(\frac{P_o}{P_i}\right) \qquad (2.23)$$

**図2-21**の系が減衰器である場合には、(2.23)式の値は負号である−になります。また、これは電力で定義されていますが、この図において$R_i = R_o = R$であれば、電圧利得として以下の表現となります。

$$10\log_{10}(A_p) = 10\log_{10}\left(\frac{V_0^2/R_o}{V_i^2/R_i}\right) = 10\log_{10}\left(\frac{V_o}{V_i}\right)^2 = 20\log_{10}(A_v) \qquad (2.24)$$

同様に、電流利得も$20\log10(A_i)$が得られます。

例えば、20dBは電力利得で100倍、電圧利得と電流利得ではどちらも10倍ということになります。これにより、桁数の大きい増幅器と減衰器が従属接続されている場合には、同じ計算でもdBを用いたほうが便利です。

これを具体的に数値で比べてみると、例えば、増幅器→減衰器→増幅器の順に従属接続されている場合の電圧増幅率は、それぞれ以下となります。

・10000倍×1/100倍×1000倍＝100000倍であるが、dB計算では、
・40dB − 20dB+30dB=50dB（=100000倍）となり、桁数の大きさから解放されている。

なお、dB値は本来は物理的な単位ではなく、単なる倍率を表しているのにすぎません。しかし、例的に添え字を付与して物理量を表す場合もあり、計測器などではよく見られるので、その一例を以下に示します。

・$dB_m$：1mWを0dBとした物理量を表しています。
例えば、$20dB_m$と表記されている場合には、100mWの電力量を表します。
・$dB_\mu$：$dB_\mu V$とも表記され、1μVを0dBとした物理量を表しています。
例えば、$20dB_\mu$と表記されている場合には、10μVの電圧値を表します。

## 2.2　電子機器の存在とつくり出す電磁環境

### 2.2.1　電子機器の各部位より発生する高周波ノイズ（EMI）

　ここでは電子機器が他の機器に対して妨害源となる場合における**ノイズ**の発生と、その**エミッション**（放出）についての概要について述べます。

　**図2-22**は、電子機器から発生するノイズが配線を経由して伝導出力となる様子と、各部位からの放射の様子の例を示しています。

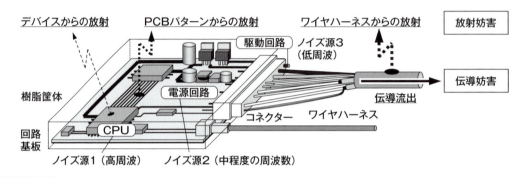

**図2-22**　電子機器より発生するノイズの伝導流出と放射の例（作成：筆者）

　どのような電子機器でも安定的に内部回路を動作させるための電源回路を持っています。しかし、それは基本的に一定の周波数の発振回路を持ったスイッチング電源であることが多く、そのスイッチング周波数は一般的に数十k～数MHzであり、スイッチング周波数が高いと、その高調波は数百MHzに達する場合があります。

　次に、電子機器はモーターやソレノイドを駆動するスイッチング回路を持っており、これもパワー（出力）が大きい場合が多いので、スイッチング周波数が10kHz程度であってもその高調波は数十MHz以上に達する場合があります。制御用CPUのクロックの周波数は基本周波数が4MHzかそれ以上であり、それを分周した矩形波を基本として、それらの高調波はGHz帯にまで達することが多いといえます。

　このように、電子機器はある意味ノイズ発生器であるともいえます。なお、それぞれのデバイス（素子）からの放射はアンテナのサイズとしては小さいので、機器の内部に対する放射源にとどまる場合が少なくありません。しかし、基板の配線パターンはそれなりの大きさがあるので、特にUHF帯（300～3GHz）になると十分に放射源となり得る上に、外部ワイヤハーネスに伝導流出する成分はワイヤハーネスが長い場合が多いため、VHF（超短波）帯（30～300MHz）、あるいはそれ以下の周波数帯において、十分にノイズを放射するアンテナとして成立しやすくなります。

これらは電子機器設計の際に一般的な注意事項として参考にしてください。

## 2.2.2 電子機器が外来ノイズにより影響を受ける場合(EMS)

電子機器は**外来ノイズ**によって誤動作させられる機器でもあります。これは多くの場合、電子機器が半導体を多用していることに起因しています。

ここで、電子システムや電子機器への外来高周波ノイズの流入部位とその影響について、よくある事例を以下に挙げます。参考にしてください。

・CPU電源端子：グラウンドピンの回路グラウンドへの接続がしっかりしておらず、また、電源端子のデカップリング処理（キャパシターなどの使用によるノイズ除去）が甘いケースが少なくありません。ここからノイズが混入すると、CPU内部のどの部位が影響を受けるのか予測がつけにくいといえます。

・CPUリセット端子：無防備であると予期せぬときにCPUがリセットされ、機器としての動作が停止してしまう恐れがあります。

・ADコンバーター：二重積分型の高感度のものが多いので入力は敏感であり、ノイズが侵入するとデジタル値が破壊される恐れがあります。

・各種通信線：長いLAN (Local Area Network)の配線は、後述するコモンモードノイズとしての受信アンテナになりやすく、ノイズの付加によって通信内容が変えられる可能性があります。

次に、半導体のダイオード特性により、放射や伝導によって電子機器に侵入してくる高周波ノイズから直流成分や低周波成分を作り出してしまう例を示したのが**図2-23**です。

**図2-23 (a)** はNPN型半導体による増幅回路を表しています。入力部に侵入した高周波信号がBase-Emitter (ベース-エミッター) 間のダイオード特性によって半波整流され、Emitterに接続されているキャパシターで平滑されて、Emitterのバイアス抵抗の両端に直流電圧が発生する様子を表しています。この場合には、増幅回路のバイアス（動作点）が変わってしまうことになります。これが電源の制御回路などであると、電源電圧が変わってしまう恐れがあります。

**図2-23 (b)** の場合にはAM (Amplitude Modulation：振幅変調)の高周波信号が侵入したときに、半導体入力部のダイオードによって検波され、情報が復調されてしまう様子を

表しています。

　例えば、音声によって振幅変調された高周波信号が近くのトランシーバーから飛んできて、ワイヤハーネスで受信して、カーオーディオの前段の増幅器に侵入した場合、これを復調し、電力増幅器で増幅してスピーカーから音声として聞こえてしまうことがあります。この場合はチューナーがなくても受信されてしまいます。

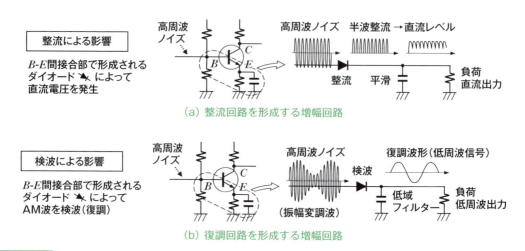

図2-23　半導体のダイオード特性による回路への影響の例（作成：筆者）

　ここまで挙げてきた例はよくあるものですが、これ以外の外来ノイズによる影響も書ききれないほど多くあります。電磁感受性（EMS）問題は手を変え品を変えて発生するのです。

### 2.2.3　装着環境が電子機器に及ぼす影響の例—自動車の車体の特徴—

　ここでは、これまで述べてきた車載電子機器を搭載することになる自動車の車体の特徴について述べたいと思います。

　**図2-24**は、自動車に外部から電磁波が照射された場合を表しています。

　自動車の内部は一見、金属の箱の中のように思えます。しかし、居室には窓があり、エンジン室やトランク室であっても隙間だらけです。車体内部が外部から電磁的に遮蔽されているシールド空間であると考えるわけにはいきません。実は、自動車の車体は特定の周波数に感応しやすいのです。

　感応しやすい周波数は車体のサイズによって異なりますが、この図に示すサイズの小型車の場合には、特に100MHz前後と35MHz前後に感応しやすいといえます。その理由は以下の通りです。

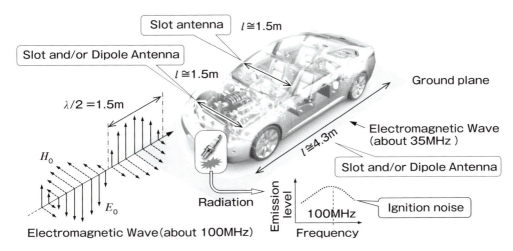

**図 2-24** 自動車の車体の特徴（ボディーサイズと共振しやすい周波数）（作成：筆者）

## （1）車体の構成要素の電気的振動による感受性

**図2-24**は、自動車の前方から100MHzの電磁波を照射した場合を示しています。この電磁波は、電磁界のモードとしては平面波で電界が垂直方向に変化しながら伝播する**垂直偏波**であり、自動車の内部に侵入しようとしています。

これに対し、自動車のフロントウインドー（窓）は横長の形状であり、その上下には車体の連続した導体板があるため、この部分は**スロットアンテナ**となり、垂直偏波の電磁波がより容易に車室内に侵入しやすくなっています。

なお、スロットアンテナについては**図2-25**に概要を示します。

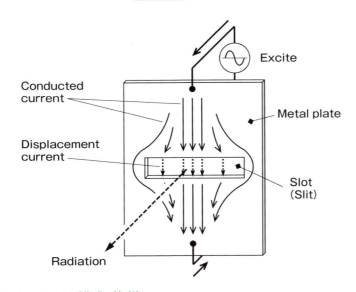

**図 2-25** スロットアンテナ（作成：筆者）

図2-25に示すように、横長の穴（Slot）のある金属板に高周波電流がこの図の向きに流れると、一部はSlotを迂回しますが、大部分はSlotの長辺を電極とするキャパシターのように長辺間の空間を変位電流として流れます。

この変位電流は空間における変動電界ですから、これが変動磁界を作ることになります。図2-25ではこのSlotが、外部空間に電界が垂直方向である垂直偏波の電磁波を放射するアンテナになります。

この図には片方しか描いていませんが、電磁波は金属板の前後方向に放射します。この長辺のサイズが$\lambda/2$となる周波数でSlotは共振し、このときにアンテナ利得は最大になって$\lambda/2$の線状アンテナと等しくなります。つまり、相対利得が0dBということになります。

図2-25では説明のしやすさから放射の場合で描いていますが、アンテナは可逆的なので、受信の場合も全く同様です。

なお、信号の励振はこの図では有線で行っていますが、必ずしも有線である必要はなく、空洞共振器のようなものによる電磁界であっても同じことです。空洞共振器の側壁に設けたSlotからの放射は共振器の外側のみに放射するので、この場合は図2-25の2倍の電力密度となって放射します。その場合はアンテナ利得としては線状の$\lambda/4$接地アンテナと同じ＋3dBになります。

このアンテナは突起物を嫌う航空機のアンテナとして多用されています。

また、図2-24の自動車の場合、図2-25の中のSlot（Slit）は窓に、導体板上側は車体の天板に、導体板下側は窓下部の車体に、伝導電流として迂回する部分はピラー（柱）にそれぞれ相当しています。

自動車の窓の横幅の大きさが1.5mの場合には、その電気長は100MHzの$\lambda/2$であるため、この部分は100MHzの共振アンテナとなりやすいといえます。ここに100MHzの垂直偏波の電磁波が到来すると、これに対する受信感度が最大になり、この電磁波が車室内に最も侵入しやすくなります。

また、共振周波数においては、窓の近傍の電界強度が強くなります。そのため、自動車のEMC法規のクライテリア（基準）である30V/mとなるように調整した電磁波が照射されている空間に自動車を置くと、多くの自動車の車室内では、共振によって振幅が拡大されます。その結果、窓の近傍で100V/m程度か、それ以上の電界強度を示すようになります。

なお、自動車の屋根は1.5m前後の導体板であり、対向する床の導体板とで空洞共振器のような形状でもあるため、思わぬ共振の可能性もあります。

さらに、フロントフードも車体の横幅方向の大きさは1.5m程度であり、蝶番で部分的に車体に接続されてはいるものの、周辺は基本的にスリット状の隙間です。ここも前記の窓の場合と同様に100MHzに対する感受性は鋭く、外来電磁波は容易にエンジン室内に侵入

します。また、フロントフードはフローティング導体として線状アンテナに近い感受性も考えられます。これらはトランクリッド(荷室の蓋)についても同様です。

　いずれにせよ、車体構成物は100MHzのλ/2に近いものだらけであるため、大げさな言い方をすれば、小型自動車の車体は100MHz前後の周波数に対する空間フィルターのようなものであるともいえます。そのため、ガソリンエンジン車の点火栓(スパークプラグ)による0.7mm程度の電極間の隙間における火花放電は、VHF帯ではほぼ周波数特性がないようなノイズですが、**図2-24**に示すように自動車の外部への放射ノイズとしては100MHz前後がより選択される周波数特性を示しています。

## (2)車体全体のサイズによる感受性

　**図2-24**に示す小型車の全長は、電気長としては約35MHzのλ/2に相当する大きさです。従って、この図に示す方向からの電磁波が到来すると、水平偏波の場合には車体長方向に電位差が発生します。これが、この電気長に相当する周波数の場合に最も感受性が強くなり、導体で構成されている車体の全長方向に電流が流れるようになります。

　この場合、車体の前後方向に長い配線が配索されていると、前記の電流が配線に誘導するようになる可能性があります。これも実際にEMSの不具合事例として発生しています。垂直偏波の場合には車体−グラウンド間に電位差が発生し、この場合もまた複雑な挙動を示すことになります。

　以上、顕著な事例を紹介しました。

　なお、自動車の車体内部には水平偏波と垂直偏波のどちらも浸入します。ただし、自動車の車体におけるまとまった大きさ(面積)の導体としては、天板や床板、ボンネット、トランクリッドなどの要素が**図2-24**に示すような構成になるので、一般的には、垂直偏波のほうがより侵入しやすいといえます。国際規格によるEMS評価の場合でも、当初は偏波面の指定はなかったのですが、途中から垂直偏波が指定されるようになりました。

　また、ここでは自動車の車体を例に挙げましたが、ここで述べたことは産業機器で使用する大型の操作器や操作室のような金属製の箱などでも参考になる点が多くあると思います。

# 2.3　電気電子システムからのノイズの放射と雑音電流の流れ

### 2.3.1　一般的なモーター制御システムから発生する放射ノイズの例

　**図2-26**は小型モーターを駆動するシステムから放射するノイズを1m先のアンテナで受信した周波数特性を示しています。

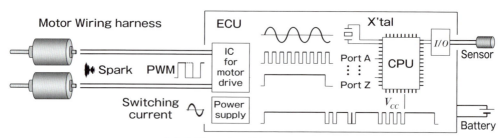

(a) 小型モーター制御システムの構成

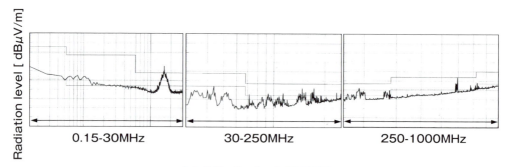

(b) 放射エミッション測定結果

図2-26 ▶ 小型モータ制御システムとそこから放射するノイズ（作成：筆者）

　測定結果が3分割されているのは、周波数帯によって受信アンテナを切り替えているためです。これを見ると次のことが推察されます。

　低い周波数で右下がりとなっている波形は、モーター駆動系のPWM（Pulse width Modulation：パルス幅変調）信号や電源のスイッチング周波数などの高調波です。16MHzのピーク部分はCPUのクロックであり、これと高速信号などが混じったCPUのポート（Port）や電源からの漏れなどよる高い周波数のノイズが、電子制御ユニット（ECU）の基板内で拡散し、基板の配線パターンや伝導流出したワイヤハーネスからこのように放射されています。

　また、低い周波数成分のノイズほど、アンテナとしてのサイズが大きいワイヤハーネスから放射しやすいであろうことは容易に想像できます。

### 2.3.2　ノーマルモード雑音電流とコモンモード雑音電流

　**図2-27**は、電子機器から雑音電流が流出する状態を表しています。

　**図2-27(a)**は、一方の配線から流出した電流が、必ずもう一方の配線を経由して雑音源に帰還する**ノーマルモード雑音電流**を表しています。往復するので、**ディファレンシャルモード雑音電流**ともいいます。

　この場合、行きの電流が作る磁界と帰りの電流が作る磁界の大きさが等しく、向きが互いに逆向きになるので、原理的には打ち消し合ってノイズとして放射しません。ただし、

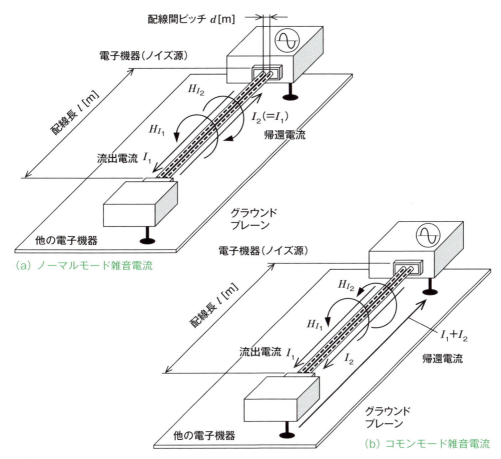

**図2-27** ノーマルモード雑音電流とコモンモード雑音電流（作成：筆者）

定義通りに導線が密着すると短絡してしまうので、実際にはこの図で示すように、往復配線の絶縁被覆の分だけ導線が離れているため、この往復配線は面積 $l \times d$ [m$^2$] の非常に細長いコイルとなります。他へのノイズとしてはループアンテナを形成するこの部分から放射しますが、配線が密着していればループ面積が小さいので放射量は少なくなります。

**図2-27 (b)** は、雑音電流が電子機器間の配線全てに同じ向きに流出した後、共通グラウンド（コモングラウンド）経由でノイズ源に帰還する状態を表しており、これを**コモンモード雑音電流**といいます。

この場合には、線束（ワイヤハーネス）が1本の線状アンテナとみなせるので、大きな放射をすることになります。また、電子機器がこの図のようにグラウンドプレーンに接続されていなくても、機器−グラウンドプレーン間に浮遊容量があるので、それが電流経路になります。そのため、高周波ではこのコモンモード電流のルートは必ず存在します。このコモンモード雑音電流による放射はことのほか大きいので、対EMC設計を行う場合には十分考慮する必要があります。

また、この図では説明上、信号の往復配線1組しか描いていませんが、この配線はワイヤハーネスとして何本であっても同じことです。なお、回路図は一般的にノーマルモードしか表現されないので、必ず実製品の装着構造などを想定しながら設計作業を進めなければなりません。

### 2.3.3　ノーマルモードとコモンモードの雑音電流が外部に作る電界

**図2-28**は、自動車に搭載されシステム化された電子機器(ECU)を表しています。

ここでECUは樹脂筐体内に1枚の回路基板(PCB)が装着されているものとし、回路基板グラウンドはグラウンド線経由でECUのすぐ近くの車体に接続されていて、これによって電源のマイナス側の配線には車体を使用するモデルを想定しています。

このシステムからの放射源となる周波数は、車載FMラジオを想定した80MHzとし（例えばCPUクロック16MHzの第5高調波など）、これが雑音源であるICからECUの外部配線に1μA流出している場合を想定しています。

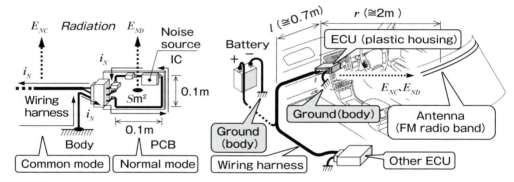

**図2-28** ECUからの放射ノイズとワイヤハーネスからの放射ノイズの計算モデル（作成：筆者）

以下、こうした条件とこの図の寸法関係により、このシステムから放射するノイズがFMラジオの受信アンテナの近傍に作る電界強度を概算して、比較を行います。

**①ECUからの直接放射**

**図2-28**におけるECUの基板の配線パターンは、往復電流がそれぞれ対面で差動関係にあるので、ここからの放射はノーマルモード放射といえます。従って、ループアンテナからの放射の式(2.25)を用いて、ラジオアンテナ近傍に作る電界強度$E_{ND}$を求めてみます。

$$E_{ND} = 1.316 \times 10^{-14} \cdot \frac{i_{ND} \cdot f^2 \cdot S}{r} \ [\text{V/m}] \quad (2.25)$$

これに、前記とこの図の数値を用いて計算すると、$0.421\mu\mathrm{V/m}$が得られます。しかし、この程度の大きさではFMラジオに対する妨害にはなりません。

**②ワイヤハーネスからの放射**

このECUの場合、雑音電流はワイヤハーネス内の全ワイヤに同一方向に流出し、その合計が$i_N$なので、このワイヤハーネスからの放射はコモンモード放射といえます。ただし、ワイヤハーネスで空中に浮かんでいるといえる部分は、**図2-28**の$l(\cong 0.7\mathrm{m})$の部分だけです。従って、その部分だけを放射源とみなし、線状アンテナからの放射の式(2.26)を用いてFMラジオアンテナ近傍の電界強度$E_{NC}$を求めてみます。

$$E_{NC}=6.285\times10^{-7}\cdot\frac{i_{NC}\cdot f\cdot l}{r}\ [\mathrm{V/m}] \qquad (2.26)$$

これに前記とこの図の数値を用いて計算すると、$17.6\mu\mathrm{V/m}$が得られますが、この大きさだとFMラジオに対する妨害源になる可能性があります。

なお、この事例ではノーマルモード放射よりもコモンモード放射のほうが圧倒的に大きいのですが、周波数がより高い領域になると周波数の2乗に比例するノーマルモードが急激に大きくなるので注意を要します。

## 2.4 電子機器ユニットのシステム化における設計上のポイント

### 2.4.1 コモンモード雑音電流を発生させる電子システム

電子機器において、流入出する雑音電流はノーマルモードのものとコモンモードのものの両方が混在しているのが一般的です。**図2-29**は、このコモンモードが発生する代表的な2つの事例を表しています。

**図2-29(a)**は、ノーマルモードからコモンモードに変換される雑音電流のモデルを示しています。電子機器(ECU)から外部ワイヤに流出する雑音電流が回路図通りのノーマルモードのみであったとしても、雑音電流の帰路がグラウンド専用ワイヤだけではなく、車体に分流します。従って、その差分によってワイヤハーネスの電流の合計である$\Sigma i_n \neq 0$となり、コモンモードが発生します。

一方、**図2-29(b)**は寄生容量を経由して流出するコモンモード雑音電流のモデルを示しています。回路基板のグラウンドは、メイングラウンドとなる車体に接続されていません。しかし、この場合でも基板-車体間の寄生容量により、高周波においては閉ループの電流

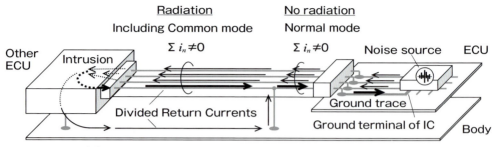

(a) ノーマルモードからコモンモードに変換される雑音電流のモデル

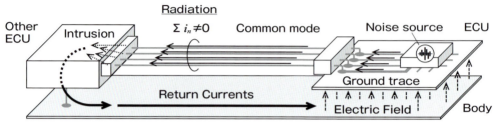

(b) 寄生容量を経由して流出するコモンモード雑音電流のモデル

図2-29 ▶ コモンモード電流発生のメカニズムの例（作成：筆者）

路ができてしまいます。

　このうちの特にデバイス内の信号に直接つながる基板パターンと車体との間の寄生容量により、デバイス内の信号がグラウンド端子も含めた全端子から、同じ方向であるコモンモード雑音電流として流出するようになります。**図2-29(b)**はこの様子を表しています。

　車体にねじ止め導通されている金属筐体に基板の回路グラウンドをフローティング状態で搭載すると、寄生容量はより大きくなってしまいます（基板が車体に近づいたのと同じことになります）。

　このようにコモンモード雑音電流は容易に発生してしまうので、回路図にはない配線環境や電子機器の接地の状態に注意を払う必要があります。

### 2.4.2　ベンチ評価結果と実システムにおける評価結果の違い

　**図2-30**は自動車に搭載する電子機器の部品評価試験（ベンチ試験）と車両評価試験の概要を表しています。

　部品評価試験については、車載電子システムの場合、電磁妨害（EMI）は国際無線障害特別委員会（CISPR）における、電磁感受性（EMS）は国際標準化機構（ISO）における国際規格によって規定されています。これらの試験に合格したものが実際に自動車に搭載され、車両試験として国際規格に基づいた各国のEMC法規に合格しなければなりません。しかし、部品評価試験に合格しても車両試験に合格するとは限りません。

　部品評価試験は実際の自動車に搭載された状態を考慮して決められています。しかし、

完全に実際の状況を再現しているかといえば、限界があります。この点を意識し、各自動車メーカーによる部品評価試験の規格は、しばしば国際規格よりも厳しくなっています。それでも完全に実車の状況を反映しきるのには限界があります。

　この原因は、ワイヤハーネスや機器のグラウンドへの接続状況がベンチ試験と実車とであまりにも異なっているためです。これは**図2-30**を見れば明らかです。従って、車載電子機器を設計する場合には、これらの配線とグラウンド線の接地の状況を十分に意識しなければならないということになります。

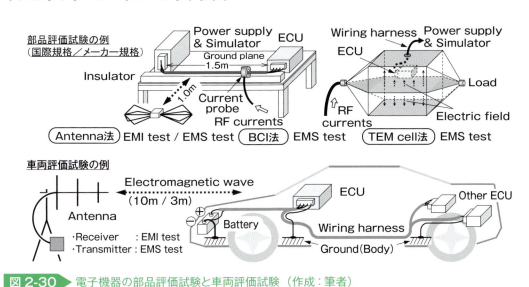

図2-30　電子機器の部品評価試験と車両評価試験（作成：筆者）

### 2.4.3　回路基板設計からシステム化における対EMC設計のポイント

　ここまで述べたことを整理すると、EMC問題が発生しにくい車載電子システムを設計するためには最低限、以下のことを考慮する必要があります。

①電子機器から外部に伝導流出するノーマルモード雑音電流を抑制する
　外部配線の接地状況によってコモンモード成分が作られてしまうので、元になるノーマルモード雑音電流の流入出を可能な限り低下させる必要があります。これには回路基板設計の要素が非常に大きいといえます。

②金属筐体内で基板のグラウンドを不用意にフローティングさせない
　金属筐体と回路基板との間の寄生容量によるコモンモード雑音電流は、必ず発生します。従って、これを極力外部に流出させずに筐体内にとどめる工夫が必要です。これは、回路基板の金属筐体内への装着方法と、シールド筐体としての構成方法の要素が非常に大きい

といえます。

③電子機器の基板からのノイズの放射を抑制する

　回路基板自体が送受信アンテナになりにくいようにする必要があります。アンテナとしてのサイズが小さい基板パターンも、周波数が高くなると直接ノイズを放射しやすくなるので、電磁遮蔽が必要です。

　ここでは簡単にまとめましたが、上記の①は第3章で、②は第4章と第5章で、③は第3章と第4章で、それぞれもう少し詳しく述べることにします。なお、これらは状況に応じてEMIで説明したりEMSで説明したりしますが、どちらも結論は同じです。

　また、これらのことは自動車用の電子機器に限らず、民生機器や産業機器などにおいても同様であり、システム化する場合には最低限必要なことです。

# 回路基板のEMC設計

# 回路基板のEMC設計

　電子機器の回路部分の構造を成しているといえる**回路基板**(以下、**PCB**とも表記)の設計は、電磁両立性(EMC)性能の向上において欠かせない事項です。PCBはそれ自体が回路間を接続する固定配線であるといえますが、印刷技術によってばらつきの少ない配線であるともいえます。それだけに、EMC性能の良くないPCBを設計すると、性能が良くない電子機器を量産してしまうことになってしまいます。

　ここでは基板内での高周波電力の伝送についての考察から始め、EMC性能が良いPCBとは何かについて考えながら、最後に**デカップリング**用デバイス[*1]について少し触れていく構成にしています。

[*1] **デカップリング(Decoupling)**　切り離すという意味であり、電源線などにキャパシターやインダクターなどのデバイスを挿入することによって、目的としないノイズなどの信号を通過し難くすること。

## 3.1　高周波信号の回路基板内における伝送

### 3.1.1　信号伝送路としての配線パターン

　回路基板パターンの諸定数の中で特にインダクタンスについて、ある程度の目安でもよいので知っておくことは設計上必要なことです。ここではその概要について考えてみましょう。
　**図3-1**は回路基板の銅箔と配線によく用いられるビニール被覆導線を表しています。

#### (1) 細いビニール被覆電線のインダクタンス

　**図3-1 (a)** に示す電線の**自己インダクタンス**の大きさを、導体直径 $2a$=0.5mm、導体長さ $l$=10mmとして式(3.1)より求めると、$L \cong 11.76$nH/cm が得られます[3]。この単線の自己インダクタンスは、無限遠点に対向電流が流れるループに鎖交する磁束から求める、いわば計算上の値です。便宜上、これを自己インダクタンスということにします。

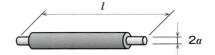

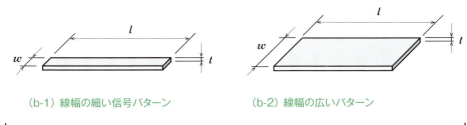

(a) ビニール被覆電線

(b-1) 線幅の細い信号パターン　　(b-2) 線幅の広いパターン

(b) 回路基板（PCB）の銅箔パターン

**図 3-1** ▶ 細い一般電線と回路基板パターン（作成：筆者）

　この値は、配線の長さ$l$にほぼ比例し、配線1cm当たり約10nH（または1mm当たり約1nH）と一般にいわれている値に近い値です。配線が周りに何もない自由空間に置かれている場合の計算値なので、注意が必要です。

$$L = \frac{\mu_0}{2\pi}\left\{ l \cdot \ln\left(\frac{l+\sqrt{a^2+l^2}}{a}\right) - \sqrt{a^2+l^2} + a \right\} \text{[H]} \quad (3.1)$$

## （2）回路基板の銅箔パターンのインダクタンス

　**図3-1(b-1)** に示す比較的細い信号配線パターンの自己インダクタンスを、一般的によく使用されている実験式(3.2)を用いて[4]、銅箔厚さ$t$=35μm、パターン長$l$=10mmとし、パターン幅$w$を先の例の細いビニール電線の導体直径と同じ値$w$=0.5mmとして求めると、$L \approx 8.27$nH/cmが得られます。これは先の例よりも少し小さい値であり、設計的に見当をつけるためによくいわれている10nH/cmよりも小さいのですが、ほぼ近い値といえます。

　しかし、この値は前記(1)の場合と同様に、配線が自由空間に置かれている場合の値です。配線自身を流れる電流の**帰路電流**が流れている導体がすぐ近くにある場合（後述するマイクロストリップ線路のような場合）には、**往復電流**の閉回路としてのループ面積が小さくなるため、これよりもかなり小さな値になるので注意が必要です。

$$L = 0.2l\left\{ \ln\left(\frac{2l}{w+t}\right) + 0.2235\frac{w+t}{l} + 0.5 \right\} \text{[nH]} \quad (3.2)$$

（寸法単位は[mm]）

　実際に上記の値を測定し、配線回りの条件を変えた場合にどうなるのかを確認した実験結果を示したのが**図3-2**です。

　**図3-2**の上側の図は、実験に用いた2層基板を表しています。なお、この図の基板のように、

表面の信号配線パターンと裏面のグラウンドプレーンとで誘電体層を挟んで往復電流路を構成する配線を**マイクロストリップ線路**といいます。この線路は信号伝送路として比較的低い特性インピーダンスを安定して得られるので、高周波回路や通信線などに多用されています。

　なお、通信用途などではない一般の配線においても、多層基板において信号配線の隣層にグラウンド専用層を設けると、自然にマイクロストリップ線路の構造になります。

　**図3-2**のモデルは特性インピーダンス$Z_0 \cong 50\,\Omega$のマイクロストリップ線路を構成しています。測定にはネットワークアナライザー〔米 Keysight Technologies（キーサイト・テクノロジー）の「Keysight E5071C」〕を用いて、図中の①～③に示すように測定を行っています。

①：そのままマイクロストリップ線路としての動作状態で測定。
②と③：基板の信号配線のみを対象として測定。またこのとき、
・②は裏面のグラウンドはあるものの、そこには電流を流さず信号配線のみを通電状態としたものです。
・③は②と同じですが、さらに裏面のグラウンドを取り去り、それぞれマイクロストリップ線路でない状態の動作で測定しています。

　実験値からのインダクタンスの算出は①では通過特性として測定したインピーダンスから算出し、②と③では①と同じ信号配線パターンにプローブを当てて、シリーズスルー法（後述）で測定した結果から同様に算出しています（治具の都合上、測定対象の信号配線長が2mm短くなっていますが、比較対象としてはあまり違いはありません）。

　図中の$i_F$は往路電流、$i_R$は帰路電流をそれぞれ表しています。

　なお、シリーズスルー法については詳述しませんが、**図3-2**の②と③に示すように、ネットワークアナライザーの「Port 1」と「Port 2」の信号線を測定対象となる信号配線の両端に接続し、Port 1 と Port 2 のグラウンド側は別導体で直接接続する測定法です。測定治具のグラウンドプレーンは幅15mm、板厚1mmの銅（Cu）板を信号配線と平行でかつ、治具の影響が小さくなるように8mm離して設置しています。

　これでもいくらか誤差はありますが、あまり離すと信号配線までのプローブ長が長くなってしまうことと、5mm程度以上離せば治具のグラウンド導体の影響は比較的少ないことは分かっているので（**第2章 図2-15**の破線データ参照）、測定治具はこの程度の寸法関係で設定しています。

　この信号配線のインダクタンスを測定した結果をグラフに示します。測定値は測定器（ネットワークアナライザー）によって測定した通過特性の値を基に、その測定器メーカーによる

計算機能から算出された値です。また、このように小さな値の計算結果は読み方によっては誤差が大きくなるので、値が安定していると思われる30MHzでの値を読んでいます。

測定結果を見ると、信号配線パターンのすぐ近く（1mm）にその帰路電流が流れるグラウンドプレーンを持つ①が、最も低インダクタンス値であることが確認できて、30MHzの値を読むと$L \cong 9.37\mathrm{nH}/28\mathrm{mm}$を示しています。少々乱暴ではありますが、1寸法を比例計算することにより、測定値を10mm当たりの値に直すと$L \cong 3.35\mathrm{nH/cm}$が得られます。

実験対象としての銅箔が信号配線のみである③が、最も高インダクタンスである$L \cong 18.21\mathrm{nH}/26\mathrm{mm}$を示しています。

また、②では基板のグラウンドプレーンが信号配線のすぐ近くにありますが、それは帰路電流が流れていないただの銅箔があるというだけのことなので、③とあまり違わない$L \cong 17.77\mathrm{nH}/26\mathrm{mm}$を示しています。

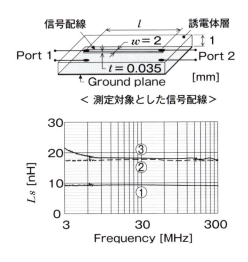

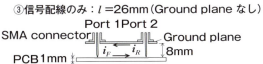

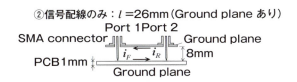

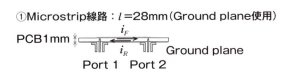

**図 3-2** 特性インピーダンス$Z_0 = 50\Omega$の線路のインダクタンス相当の物理量（作成：筆者）

ちなみに、信号配線の裏面にプレーンなグラウンドのない③について、信号配線のみを単独の銅箔として実験式(3.2)で計算すると、$L\cong19.54\mathrm{nH}/26\mathrm{mm}$ が得られます。

　測定結果の $L\cong18.21\mathrm{nH}/26\mathrm{mm}$ のほうが少し小さいのは測定治具の影響であると思いますが、概ね正しく測定できていると考えられます。

　また、この配線長は26mmなので、少々乱暴ですが、測定値を比例計算によって10mm当たりの値に直すと、計算値である $L\cong8.27\mathrm{nH}/\mathrm{cm}$ よりは小さいのですが、比較的近い $L\cong7.00\mathrm{nH}/\mathrm{cm}$ となります。これがマイクロストリップ形態ではない単独パターンの設計の参考値になると思います。

　ここでの測定結果をまとめると、概ね以下のことがいえます。

(1) 幅 $w$=2mmの配線単独のインダクタンスは $L\cong7.00\mathrm{nH}/\mathrm{cm}$ です。
(2) 信号配線パターン裏面にグラウンドプレーンがあっても、帰路電流が流れていない場合は配線単独の場合のインダクタンス値と変わりません。
(3) 信号配線パターン裏面のグラウンドプレーンにその帰路電流が流れるマイクロストリップ線路として動作する場合には、その系全体のループ面積が小さくなるので、自己インダクタンスの大きさは(1)および(2)と比べて一挙に小さくなり、この例では $L\cong3.35\mathrm{nH}/\mathrm{cm}$ になっています。

### 信号配線パターンのインダクタンス検討の例

　なお、デカップリング用のキャパシターを装着する場合に、「小容量のものほどノイズ源となるICの電源端子などに極力近い位置に装着せよ」といわれます。これは、キャパシターの共振周波数を大きく下げないために、信号配線パターンのインダクタンスを極力小さくする必要があるということです。このことを考察しているのが**図3-3**です。

　**図3-3**は1608型で1000pFのチップコンデンサー単体の場合と、基板に実装した場合のインピーダンスの周波数特性の一例を表しています。

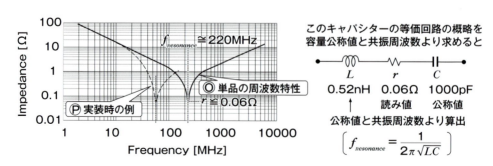

**図3-3** セラミックコンデンサーの周波数特性と実装時の周波数特性の例（作成：筆者）

コンデンサー（キャパシター）によるリアクタンス$|Z_C|$は周波数が低いときには公称値通りの静電容量$C$と、そこを通過する信号の周波数$f$によって$|1/(j2\pi fC)|$となります。そのため、周波数の上昇に伴って－20dB/decadeの割合で低下していきます。「部品の体躯で決まるインダクタンスによるリアクタンス値と大きさが等しく、位相が180°異なる周波数になると自己共振し、そこでは部品の損失分による純抵抗となります。それ以上の周波数ではインダクターとなり、今度はそのインピーダンスは＋20dB/decadeの割合で上昇していきます。

1608型1000pFのチップ型キャパシターの単品の周波数特性は、どのメーカーのものも図に示すような周波数特性をしています。概ね220MHz程度の周波数で自己共振します。

**図3-3**の例では、共振周波数において損失分が約0.06Ωの純抵抗となり、約220MHzで自己共振をしているので、これとキャパシター公称値を用いて自己インダクタンスを求めたのが**図3-3**に示す等価回路の定数です。

コンデンサー単品の場合には220MHzまではキャパシターとして働きます。これを基板に実装すると、配線パターンのインダクタンスが直列に追加されるので、共振周波数はこれよりも低い周波数になり、キャパシターとして働く周波数はさらに低くなってしまいます。

ちなみに、ノイズ源のデバイスとキャパシターまでの距離が5mmであるとすると、往復配線長$l$が10mmとなるので、先の例における(1)に示すパターン幅$w$=2mmの場合には、**図3-3**のグラフの点線で示すように共振周波数は58MHz程度になってしまいます。「小容量値のコンデンサーは近くに実装せよ」といわれるのは、このことです。

とはいうものの、近くといっても限度があると思います。そこで、**図3-1 (b-1)**を**図3-1 (b-2)**のようにパターンの幅を広くすれば、同じ長さであってもそのインダクタンスの値は小さくなりそうですが、果たしてそううまくいくのでしょうか。これを検証したのが以下です。

**図3-4**は、配線パターンの幅を広くした場合のインダクタンスの変化を、シリーズスルー法による測定によって確認したものです。この図を見ると、2本の配線のインダクタンスは30MHzの値を読むと配線幅が2mmから5.2mmと2.6倍になっても、そのインダクタンス値はそれほど低下せず、89%程度の値にしかならないことが分かります。

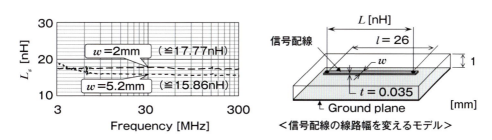

**図3-4** 同じ長さの信号配線パターンの線路幅によるインダクタンスの変化（作成：筆者）

ちなみに、$w$=2mmの場合と同様に$w$=5.2mmの場合について式(3.2)で計算してみても、そのインダクタンス値は$L \cong 14.77$nH/26mmであり、測定値の方がやや大きいが近い値です。

配線幅が大きくなっても、そのインダクタンス値はそれほど小さくなるわけではありません。これまでの考察により、片面基板などのように単なる配線を走らせている場合には、その配線幅を太くしてもデカップリング性能が大きく向上することは期待できないことを示しています。

従って、設計の際にノイズ源からデカップリング用のキャパシターまでの電気長を極力短くするためには、先の例の(3)に示すように、基板を2層以上のものとして配線と**プレーングラウンド**とでマイクロストリップ線路の構造にすることが有利であると考えるべきです（グラウンドに反対向きの電流が流れるようにして配線のインダクタンスを低下させます）。

なお、これまでは配線の1本ずつを集中定数の一環である物理定数として考えてきました。このことは、実際にノイズ除去用のデカップリング素子としてキャパシターを使用する場合のように、配線周りの物理的なサイズが電気長と比べて無視できるくらい小さい場合の話です。これはこれで、もちろん重要なことです。

ただし、配線長が電気長を無視できない大きさになると、実際に電力を伝送するのが第2章で述べたように往復配線間の空間であることを考えなければなりません。これは今後重要なことなので、**3.1.2**で説明します。

### 3.1.2　高周波電力伝送の基本と実験事例

PCB内における高周波の雑音電力は**第2章2.1.3**で述べたように、往復電流の流れる配線パターンの間を中心とする空間を伝送します。ここではまず、高周波電力の伝送について概要を記述します。

**図3-5**は3種類の往復配線における**高周波電力**の伝送を表しています。

なお、これらの図は配線そのものの伝送原理を示すためのものであるということを最初に伝えておきます（ここでは配線両端部の信号源と負荷の部分は、その接続用の配線も含めて無限に小さく、配線両端部の影響はないものと考えてください）。

**図3-5 (a)**は往復電流の流れる同軸ケーブルにおける**電力伝送**の状態を表しています。負荷抵抗$R_L$で消費される電力は$V$[V]$\times I$[A]$=P$[W]になります。この電力の大きさは、実は往復する2配線の間を中心とする近傍空間に作られる電界$E$[V/m]と磁界$H$[A/m]の外積である**ポインティング電力**[W/m$^2$]×通過面積[m$^2$]と一致しています[5]。

この場合の通過面積は同軸ケーブル内部の誘電体層の断面積であり、ここを全電力が通過して、その進行速度は光速度（$c$=3×10$^8$ [m/sec]）を誘電体の比誘電率$\varepsilon_r$の平方根で除した大きさとなります。つまり、進行速度が遅くなるために波長が短くなるのです。

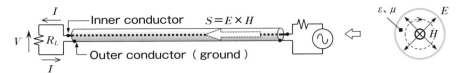
(a) 同軸ケーブルにおける電力伝送

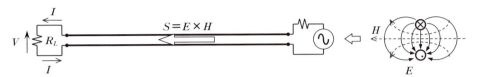
(b) 平行2線（レッヘル線）における電力伝送

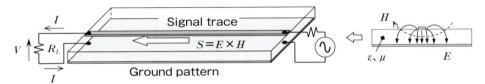
(c) 基板のマイクロストリップ線路における電力伝送

**図3-5** 往復電流の流れる配線の電磁界分布と電力伝送（作成：筆者）

　また、電磁界は同軸ケーブルの内部に閉じ込められ、帰路電流は外部導体の内側を流れて外側には流れません。そのため、原理的には完璧に**電磁遮蔽能力**があります（このことは外部導体が網線であっても原理的には同じです）。

　**図3-5 (b)**は往復電流の流れる平行2線における電力伝送の状態を表しています。この図に示すように、電磁界は広がりがあるので電磁遮蔽能力はあまりないことが分かります。しかし、往復配線の間隔が密着するくらい近づくと、電磁界の広がりは狭くなり、丸裸の配線であっても往復するディファレンシャルモードの電流に対しては、ある程度の電磁遮蔽能力がありそうなことが推察されます（後述）。

　また、往復2配線が裸導線で空気中にある場合には、電力の伝送速度はほぼ光速度 $c$ ($\cong 3\times 10^8$m/sec.) です。この場合も、近傍空間を通過するポインティング電力 $(E\times H)\cdot S$ は電力値 $V\times I$ と一致します[6]。

　**図3-5(c)**はマイクロストリップ線路を持つPCBにおける電力伝送の状態を表しています。この場合の電磁界の分布は**図3-5 (a)**と**図3-5 (b)**の間のような状態であり、その電磁遮蔽能力は中間的な状態であることが推察されます。

　なお、電界は誘電体層以外の空間にもいくらか存在するので、この場合の電力伝送は**図3-5 (a)**と**図3-5 (b)**よりも複雑なものになります。また、PCBの配線は実際には直線とは限りませんが、電磁界分布から考えると、マイクロストリップ線路を構成しているPCB裏面のグラウンドプレーンの信号配線側の面を帰還する電流は、表面の配線の形状に従っていると推察されます。このことを確認した検証実験の結果が**図3-6**です。

その実験モデル**図3-6(a)**は比較的細いビニール被覆電線(AWG24)を、プレーングラウンド層を模擬したCu板に絶縁テープで貼り付ける構造とし、2層PCB構造のマイクロストリップ線路を模擬しています。このように配置すると、この配線系の特性インピーダンスは50Ωに近い状態になります。

　この状態で信号配線を高周波信号で**励振**したときに、配線の作る磁界と負荷を経由して帰還する電流の作る磁界を近傍磁界プローブで検出した結果を示しているのが**図3-6(b)**です。これを見ると、2GHzでは系全体の共振の影響でグラウンドプレーン上の帰還電流の分布は乱れていますが、共振の影響が少ないか、または影響がない周波数である1GHz以下では帰路電流は信号配線の近くに集まっており、信号配線の曲がり方に従っていることが見て取れます。これは、高周波電力は往復配線の成す空間を伝送するため、往復電流が極近

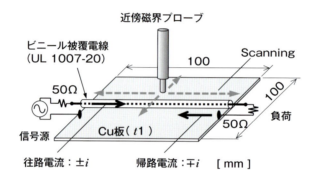

(a) 往復電流の作る磁界の分布を可視化するモデル

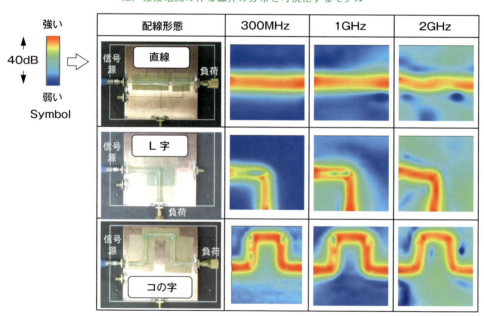

(b) 各配線モデルにおける近傍磁界分布の可視化結果

**図3-6** 往復電流の作る磁界の可視化測定結果（作成：筆者）

で一定の平行関係を保った状態を崩さないようにすることが、高周波信号の伝送の際に重要であることを示唆しています。

このことは、後述するPCB内でのノイズの拡散を低減させるための設計の基礎になる重要事項です。

## 3.2 回路基板内におけるノイズの拡散と流出

ここでは、回路基板（PCB）からの放射について少し述べてからPCB内における**ノイズの拡散**について考察し、PCBコネクター部における**流入出ノイズ**の抑制について考えることにします。

### 3.2.1 回路基板パターンからの放射

PCBの信号配線パターンはアンテナとして考えると、一般的にサイズが小さいので外部に対する**放射**は低い周波数は大きくありません。**VHF**（超短波）**帯**（30～300MHz）程度以上の周波数になると、波長が短くなるのに従って無視できない大きさになってきます。ここでは、この概要について説明します。

**図3-7**はPCBがノイズを放射するアンテナとなる場合について代表的なケースを描いています。

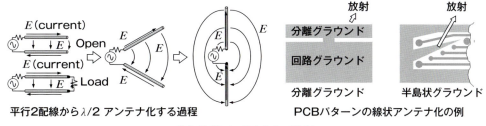

(a) 線状アンテナとして放射

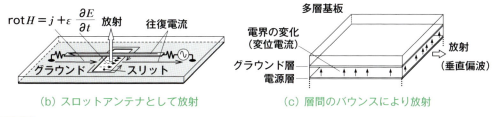

(b) スロットアンテナとして放射　　(c) 層間のバウンスにより放射

図3-7 ▶ PCBからの放射の例（作成：筆者）

**図3-7 (a)** はグラウンドパターンが線状アンテナとなる様子を表しています。分離グラウンドでは**平衡アンテナ**、半島状のグラウンドは**不平衡接地アンテナ**となる様子を描いています。

特に、空いたスペースを極力グラウンドで埋めようとする設計を講じると、この図のように半島状に取り残されたグラウンドパターンができます。グラウンドには基本的に信号の帰還電流が流れているので、この半島状パターンが根本で励振されるホイップアンテナとなり、ここから放射することになります。この半島の長手方向の寸法が問題となるノイズの波長と比べて短いものであっても、ノイズの量が大きければ、ここからの放射は無視できない大きさになることが多いといえます。

**図3-7 (b)** は信号配線パターンの真下にグラウンド層のスリットが交差している場合を表しています。この場合は、信号配線の直下に集まって信号源に帰還しようとしているグラウンド層の電流路がスリットによって絶たれることにより、その帰路電流が迂回すると同時に無理やりスリットを横断して空間を流れる電流も存在します。スリットの壁はキャパシターの電極となるので、この空間を流れる電流は**変位電流**であり、これが空間に電磁波としての放射源になります。

このスリットは航空機などの無線通信に多用されている**スロットアンテナ**と同じです。こうした構造の場合にはPCB外部へのノイズの放射はもちろん、極近とみなされるPCB内の他の配線へのノイズ拡散の大きな要因になってしまいます。このノイズ対策は、スリットを横断する信号配線をなくすことです。

**図3-7 (c)** はプレーン状（いわゆるベタパターン）の電源層パターンとプレーン状のグラウンド層とが誘電体層を挟んで対向している場合に、その電源中に含まれる高周波のノイズ成分が変位電流となって、PCBの側面から放射する様子を表しています。

この図の場合、どのような周波数でも放射しますが、電源層／グラウンド層の長手方向の寸法を層間の比誘電率の平方根で除した周波数の1/2波長となるノイズが含まれていれば共振するので、それが最も放射しやすいと思います。

電源層のパターンが細い、太い、プレーン状のいずれが良いのかは議論の分かれるところです。どうしても極端に太い必要がある場合には、電源層の上下を多くの**貫通ビア**（穴）で接続したプレーングラウンド層でPCB周辺を覆います。これがPCB端面からの放射抑制に関する対策となります。

このように、PCBは至る所に高周波ノイズを放射する可能性のあるアンテナがあります。そのため、PCBの設計に当たっては、これらの要素を1つひとつ丁寧に取り除いていくことが大切です。

### 3.2.2　回路基板内におけるノイズの拡散と外部への伝導流入出

**図3-8** はCPUのクロックである8MHzの第12高調波がPCB内で拡散して電源入力コネクターや信号線コネクターに到達している様子を、**近傍磁界**を可視化することによって観

測した例を示しています。これらの拡散成分はコネクターを通じて外部配線へ伝導流出していることは容易に想像できます。これらは、ノイズ源に対するデカップリングが十分ではないことによって起こります。一見無関係な信号配線コネクターなどへも向かう成分がある原因は、信号配線間**クロストーク**にあると考えられます。

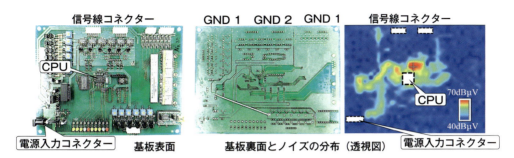

**図 3-8** ▶ CPUクロックの高調波（96MHz）が回路基板内で拡散する様子（作成：筆者）

### 3.2.3　伝導流入出電流と信号配線パターン間クロストーク

前記の配線間クロストークを2配線間に限定して表しているのが、**図3-9**に示す平行な2配線を持つ**2層マイクロストリップ基板**です。

**図3-9**に示すように、この2配線は配線間に信号線としてのつながりがなくても互いにクロストークする関係にあります。ノイズ源となる素子によるノイズは一見無関係な配線から外部配線に**伝導流出**し、外部配線から**伝導流入**したノイズは他の配線に接続されているデバイスに到達します。

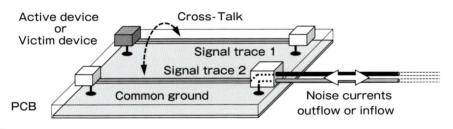

**図 3-9** ▶ 2配線間のクロストーク（作成：筆者）

このように、ノイズはPCB内でクロストークして拡散し、外部配線との間にノイズの**伝導入出力**という関係が成立します。実際の基板では多くの配線がひしめき合っており、ノイズ源となる配線から近くの配線や遠くの配線にクロストークして全体的に拡散します。外部配線への伝導入出力ノイズを抑制するためには、それぞれ往復配線を成している配線の相互の幾何学的な関係がクロストークに及ぼす影響を把握する必要があります。

### 3.2.4　信号配線パターン間におけるクロストークの要因

ここでは前項で記載したPCBの信号配線間クロストークの原因とその性質を知り、外部配線への伝導流入出を抑制する条件を考察します。

**図3-10**は配線間クロストークの発生要因を示しています。

この図は2層基板を表しており、表面は2本の信号配線を、裏面はプレーン状の共通グラウンド層を表しています。信号配線端部の抵抗$R_L$と$R_N$、$R_F$は、実際には$R_S$と同様に基板表面に装着されるはずですが、説明上縦に描いています。2つの信号配線はプレーングラウンドを共通とするとはいえ、信号配線間は全く接続されていませんが、以下に示す**図3-10(a)～(c)**の要因によって相互に信号が乗り移るクロストークし合う関係にあります。

**図3-10 (a)**では2つの配線系が対向するコイルの関係であるといえるので、相互に**電磁誘導結合**する関係となっています。一方の配線に電流が流れることによって発生する磁界がもう一方の配線が形成するコイルに鎖交すると、この配線には**レンツの法則**により、前記の磁界を妨げる向きに**反発磁界**を発生させようとして、ノイズ源の電流と反対向きの電流が誘起します。

⇒この場合、2つの配線間の帰路電流の相互の流れは無関係です。

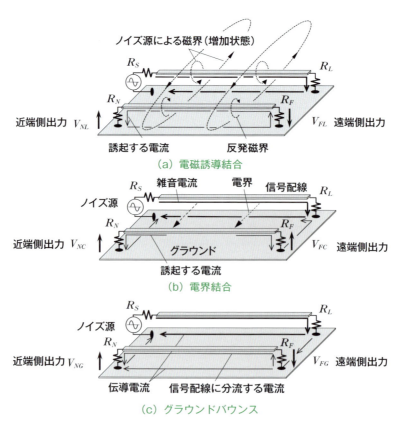

**図3-10** ▶ 配線間クロストークの発生要因（作成：筆者）

**図3-10 (b)**では2配線が対向電極となるキャパシターとして**電界結合**します。
⇒この場合、被クロストーク側の配線に流れ込んだ電流は、この図に示すように共通グラウンドを経由してノイズ源に伝導電流として帰還します。

　**図3-10 (c)**ではノイズ源側の配線を流れた結果、グラウンドを流れて帰還する電流がグラウンドに電位差を発生させることになります。電位差のできたグラウンドに並列に他の配線が接続されると、その配線にも電流が流れ込みます。これは、配線間結合の原因が交流信号によって電気的に揺れるグラウンドにあるという意味で、**グラウンドバウンス結合**といわれます。
⇒この場合、当然2つの配線において、それぞれ帰路電流が流れるグラウンドは共通になっていることが前提です。

　被クロストーク側となる配線には、近端側（ノイズ源に近い側）の出力と遠端側（ノイズ源から遠い側）の出力のいずれにも**図3-10 (a)〜(c)**の総和が現れるはずです。同じ瞬間においては近端側出力の電流の向きは**図3-10 (a)〜(c)**で全て同じ向きですが、遠端側出力では**図3-10 (b)**だけが電流の向きが**図3-10 (a)**および**図3-10**と**(c)**と反対です。このことから、ノイズ源を持つ配線からクロストークしてきたノイズの出力は近端側と遠端側とで異なることになります。

　なお、配線間クロストークの要因としては、空間結合による**図3-10 (a)**と**図3-10 (b)**よりも伝導電流による**図3-10 (c)**のグラウンドバウンス結合によるもののほうが大きいように思われるかもしれません。しかし、ここで扱う300kHz程度以上の周波数における伝導電流のみによるクロストークは、後の**図3-9**に見られるように小さいので、クロストークの考察からはとりあえず外すことにします[13]。

　これまでのことをまとめると、少なくとも信号配線が共振する周波数以下（別の表現をすると電気長のλ/4よりも短い配線）においては、クロストークによる出力は、概ね以下の関係となるといえます。

$$近端側出力 = |電磁誘導結合 + 電界結合| \quad (3.3)$$

$$遠端側出力 = |電磁誘導結合 - 電界結合| \quad (3.4)$$

　このことから、ノイズ源となるデバイスや被害を受けやすい敏感なデバイスなどと外部配線接続用のコネクターとの位置関係は、互いが遠端関係となっている**図3-9**の位置関係にあることが、基板外との**伝導流入出ノイズ**に関しては有利であると推察されます。このことは多数の配線がある実基板においても、総合的に見て同様に考えてもよさそうです。

### 3.2.5 配線間クロストークにおける電磁誘導結合と電界結合の影響力

ここで、いくつかのモデルにおいて配線間クロストークにおける電磁誘導結合と電界結合の大きさについて考えてみることにします。

**図3-11**はFR-4基材の2層基板(PCB)における近端側出力と遠端側出力を測定し、その大きさを比較するモデルです。

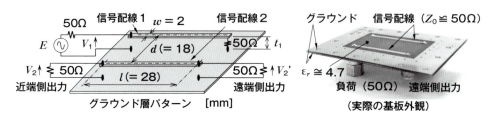

**図3-11** 配線間クロストークを評価するモデル（作成：筆者）

この図において、銅箔の厚さは一般的な35μmです。2配線ともその特性インピーダンスは$Z_0 \cong 50\,\Omega$となっています。これにネットワークアナライザーを接続して測定し、被測定側端子以外は50Ωの負荷を接続して、全てインピーダンスを整合させて測定を行なっています。

信号配線1をネットワークアナライザーのポート(Port 1)で励振した時の近端側、または、遠端側に誘起するレベルを測定した結果が**図3-12**です。

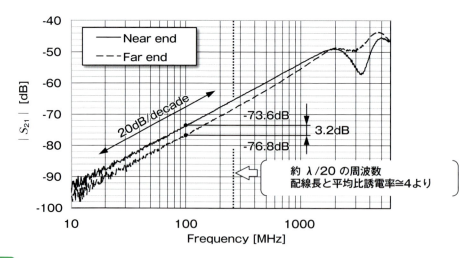

**図3-12** 2配線間のクロストークによる近端側と遠端側の出力の測定結果（作成：筆者）

この図を見ると、以下の(1)と(2)がいえます。

(1) 信号配線1から信号配線2へクロストークする信号の大きさは、共振点近辺を除けば周波数に比例しています(20dB/decade)。つまり、基本的に回路基板内でのノイズの拡散

は周波数に比例するということです。

(2)配線の電気長よりも物理的寸法が十分小さい周波数である100MHzにおいては、近端側出力よりも遠端側出力のほうが約3.2dB小さくなっています。このことは共振周波数以下の範囲においては、外部配線接続用のコネクターは遠端側に設けたほうが外部配線への流入出雑音電流が小さくなり、有利であることを示しています。

　また、このくらいのサイズのPCBで配線間が10mm程度以上離れている場合には、配線間クロストークは電磁誘導結合が支配的であると報告されています[7]。2つの信号配線がそれぞれグラウンドとの間で作る1ターンコイル間の電磁誘導結合による配線間クロストークは、この配線の幾何学的な関係〔(3.5)式〕から求まる**相互インダクタンス**$M$に比例します[7]。式の最右辺は中央辺の式をテーラー展開した近似値です。

$$M = \frac{\mu_0}{4\pi} \cdot \ln\left\{1+\left(\frac{2t}{d}\right)^2\right\} \cong \frac{\mu_0}{4\pi} \cdot \left(\frac{2t}{d}\right)^2 \ [\mathrm{H}] \qquad (3.5)$$

　これによると、電磁誘導結合による配線間クロストークの大きさは配線間隔$d$の逆2乗に比例し、PCB誘電体層厚さ$t$の2乗に比例することが分かります。すなわち、PCB内でノイズが拡散することによるPCB外への**流入出雑音電流**は、まずノイズ源となる配線から配線間隔$d$を離すという当前の方法があります。しかし、これ以外にも、誘電体層厚さ$t$が薄くなるほど$t^2$に比例して低減することが推察され、有利であることをこの(3.5)式は示しています。

　ちなみに、マイクロストリップ構造の線路の層間厚さを1/2にすれば、基板内でのノイズの拡散は1/4になります。そして、クロストークした結果、他の配線から外部ワイヤへ流出する、あるいは外部ワイヤから流入する**伝導雑音電流**は1/4になるということです。

　また、このモデルにおけるクロストークの要因は、電磁誘導結合が支配的ではあるものの電界結合の要因がないというわけではありません。**図3-12**の測定結果に基づき、電磁誘導結合と電界結合の大きさをそれぞれ(3.3)式と(3.4)式によって計算すると、この場合は電界結合と比べて電磁誘導結合のほうが約5.9倍大きいということになります。

　次に、上記の関係を、配線間隔を小さくした場合について確認してみます。

　**図3-13**は、**図3-11**のPCBモデルの配線間隔を、実際の配線間隔に即して考えられるように小さくしていったものの配線間クロストークの測定結果を示しています。コネクター同士がぶつからないようにするために、**図3-13**に示す2種類の配線系としていますが、2配線が並走する部分の長手方向の寸法（28mm）とその他のPCBの諸元は**図3-11**に示すPCBと全く同じ条件にしています。

　測定結果を見て最初にいえることは、この場合も共振点近辺を除けば、配線間隔にかか

わらず、配線間クロストークの大きさの変化が周波数に比例する+20dB/decadeを示していることです。

次に、基板の共振点から大きく離れている低い周波数である100MHzに着目して**図3-13**を見ると、以下の(1)～(3)のことがいえます。

(1) 2配線のうち、被クロストーク側の配線長が長いAタイプと、コネクター部から並走配線まで直角方向の信号配線が加わっているBタイプの基板とで、配線間隔 $d$ が9mm以下の領域においては、配線間クロストークの値はわずかしか違いません。このことは配線間隔が小さいとクロストークは2配線が並走している部分に依存していることを示しています。なお、配線間隔が18mmの場合ではAタイプのほうが2dB程度大きいのは、このくらい離れると被クロストーク側の配線が長いことの影響が出ているからだと思います。

(2) 2配線の間隔を $d$=18mm→6mm まで変化させると、クロストークの大きさは、ほぼ配線間隔 $d$ の逆2乗に比例して増大しています。この範囲ではまだクロストークは電磁誘導結合が支配的であるためと考えられます。

ただし、6mm→3mmの場合には、配線間隔は1/2になっても近端側において12dBではなく、それ以上増加しています。このことは、配線間隔 $d$ が狭くなると、$d$ の3乗に逆比例する**準静電界**(後述)の大きさが急激に増大してくることを示しています。また、逆にその分、

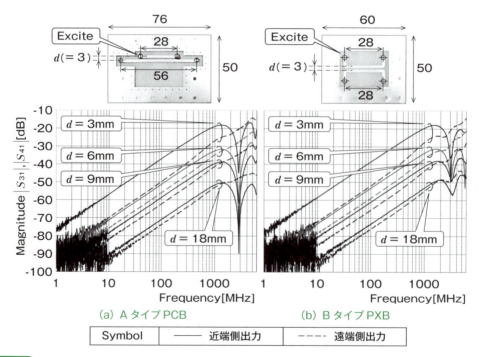

図 3-13 ▶ 配線間クロストークの配線間隔依存性（作成：筆者）

遠端側の増加は抑えられています。

(3) 2配線の間隔が狭くなるほど近端側出力と遠端側出力の差が大きくなっています。これは、配線間隔が狭くなると、徐々に電磁誘導結合と**準静電界結合**の差が小さくなってくるからであると考えられます。2配線の間隔が3mmの場合には、電磁誘導結合と電界結合の大きさを(3.3)式と(3.4)式から計算すると、両者の違いは1.6倍程度しかないことが分かります。

これらの実験事実から、PCBの信号配線が共振する周波数以下の領域においては、外部配線を接続するコネクターは遠端出力側に設けるほうが、基板から外部配線への雑音電流の伝導入出力を小さくできることになります。

なお、線状アンテナからの放射で誘導磁界と準静電界の大きさが同程度の大きさになる距離はアンテナから$\lambda/2\pi$のところです（100MHzの場合477mm）。これはアンテナが自由空間にある場合です（**図3-14**）。

また、**準静電界**とは静電界とは異なり、周波数成分を持って時間的変化を伴う電界のことです。電磁波とは違って伝播特性は持たず、遠くまで届きません。いわば近傍交流電界のことです。

PCBの場合にはアンテナとなる信号配線がプレーン状のグラウンドに極端に近く、低い値の負荷抵抗で動作していることなどにより、準静電界の放射レベルは極めて小さくなります。そのため、ここで行なったPCBによる実験結果では、信号配線間隔が極端に近くなって初めて電磁誘導結合と準静電界による電界結合の値が同程度の大きさになっています。このことは、例えば**図3-14(b)**の準静電界を示している「----」の線を全体的にグラフ下方に平行移動させると、誘導界とクロスする点が左側に移動することから分かると思います。

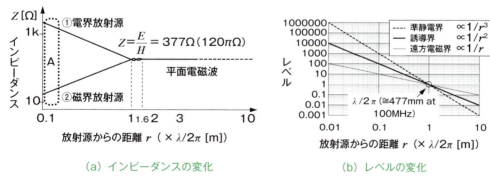

(a) インピーダンスの変化　　　　　(b) レベルの変化

**図3-14** 放射源からの距離に対する放射インピーダンスとレベルの変化（作成：筆者）

さて、これまで配線間クロストークの確認モデルでは、信号配線の特性インピーダンスと負荷抵抗は全て50Ωで実施してきました。この理由は測定器（ネットワークアナライザー）のポート(Port)のインピーダンスに整合させるためです。また、こうしたことの理由は、配

線間隔を変えることが配線間クロストークに及ぼす影響を調べることを目的とし、不整合などの他の要因をできる限り持ち込まないようにしたことによります。これにより、この目的に沿った基礎的な性質を把握できました。

しかし、高周波回路や通信線でもない一般の配線では、信号配線の特性インピーダンスなど意識しておらず、信号配線と負荷とが高周波の領域で整合していないのが普通だと思います。

そこで、3.2.6では一般配線を意識し、配線と負荷が不整合な場合にまで拡大して確認してみることにします。

### 3.2.6　不整合な配線における配線間クロストーク

ここでは、信号源抵抗と負荷抵抗は全て50Ωとし、信号配線パターンの幅を変えることによって特性インピーダンス$Z_0$が異なるモデルを作製して、これらが配線間クロストークに及ぼす影響について確認してみます。

図3-15は評価対象とした基板を表しています。

これらの基板はFR-4基材の2層基板（PCB）であり、基本的な構造／サイズは図3-11の基板と同一。裏面にプレーン状のグラウンドを持つマイクロストリップ線路の構造で、各配線幅のみを4種類に変化させたものです。

信号配線パターンの幅$w$を$w$=5.29～0.12mmまで変化させることにより、特性インピーダンス$Z_0$=25.7～140.0Ωを得ています〔TDR（Time Domain Reflectometry）オシロスコープによる測定値〕。

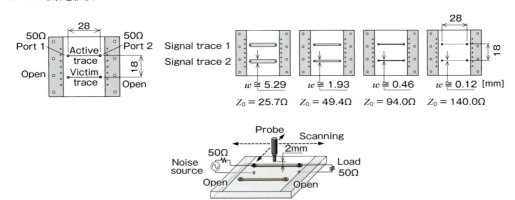

図3-15　特性インピーダンスの異なるマイクロストリップ線路を持つモデル基板（作成：筆者）

この4種類の基板における信号配線1（図3-15の「Signal trace 1」）の両端に、ネットワークアナライザーのPort 1とPort 2を接続して伝送特性を測定した結果が図3-16です。

この図を見ると、まず50Ωの負荷とほぼ整合状態にある$Z_0$=49.4Ωの線路の場合が反射

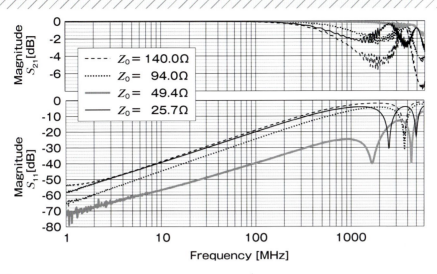

図 3-16　モデル基板の信号配線1本の伝送特性（作成：筆者）

を表す｜$S_{11}$｜が最も小さく、通過である｜$S_{21}$｜が最も大きいことが分かります。この場合には1GHzでも動作に支障はないと思います。

　特性インピーダンスの値が変わり、$Z_0$=50Ωに対する離れ方の比率が大きいほど反射は大きくなり、通過量も少なくなることが分かります。

　特性インピーダンスの値が抵抗値から最も離れている$Z_0$=140Ωの場合には、100MHzを超えると通過損失が見え始めています。線路のインピーダンスが負荷抵抗値と整合していないときの伝送特性はこのようになります。

　次に、これらの配線からの放射を見てみましょう。

　図3-17は、この信号配線1を励振した場合の近傍磁界と近傍電界の可視化観測を行った結果を示しています。

　図3-17 (b)は図3-17 (a)に示す方法により、プローブを基板面全体にわたってスキャニングすることによって得られた近傍磁界と近傍電界の分布を示しています。この場合は物理的性質をつかみやすくするために、共振から離れた100MHzで表示しています。これから以下の特徴が見て取れます。

①近傍磁界分布

　$Z_0$が140.0→25.7Ωに変化しても、信号配線の近傍磁界の分布はあまり変わっていないように見えます。

②近傍電界分布

　$Z_0$が140.0→25.7Ωに変化すると、信号配線の近傍電界の分布が広がり、強度が大きくなっていくように見えます。

　図3-17 (c)は、これらを信号配線の長手方向中央部の磁界強度と電界強度の周波数特

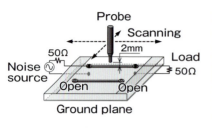
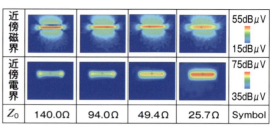

(a) ノイズ分布の可視化測定　　　（b) 信号配線近傍の磁界分布と電界分布（at 100MHz）

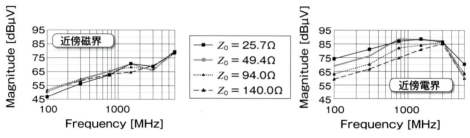

(c) 配線中央部付近の近傍磁界と近傍電界の周波数特性

図3-17　配線の近傍磁界と近傍電界の分布と強度の比較（作成：筆者）

性として表したものです。1GHz以上では共振の影響によってデータが乱れますが、共振の影響がなくなる700MHz程度よりも低い周波数に着目すると、以下の傾向が見て取れます。

③近傍磁界強度

　特性インピーダンスが最も低い（配線幅が最も広い）ものが磁界は弱い傾向はあるものの、どの配線も強度に大差はなく、5dB程度かそれ以下です。

④近傍電界強度

　この場合は配線の特性インピーダンスが低くなるほど電界は強くなる傾向が見られ、各配線間のレベル差は磁界の場合よりも明らかに大きく、最大で13～15dBの差になっていることが分かります。

　この事例において、特性インピーダンスが140.0→25.7Ωということは、配線の幅が$w$=0.12→5.29mmと約44倍変化しているということです。この事例からいえることは、配線幅がこれほど大きく変わっても、近傍磁界強度の変化は小さいものの、近傍電界強度の変化はそれ相応に大きいということです。

　このことが、信号配線間クロストークに及ぼす影響について見てみましょう。

　図3-18は、これら4種類の基板について配線間クロストークを測定した結果を示しています。図3-18(a)は近端クロストークの測定結果を、図3-18(b)は遠端クロストークの測定結果をそれぞれ表しています。

　図3-18から、共振の影響がない周波数領域において配線間クロストークの大きさは、配線幅にかかわらず周波数に比例して増大（+20dB/decade）していることが分かります。

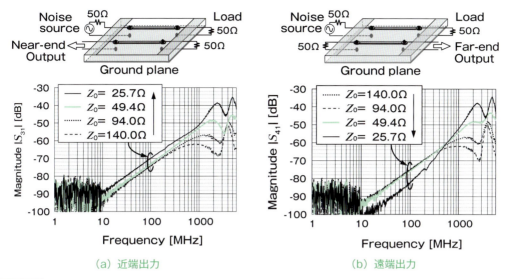

(a) 近端出力　　　　　　　　　　(b) 遠端出力

**図3-18** 配線間クロストークの特性インピーダンス依存性（作成：筆者）

　また、不整合による定在波の影響により、共振の大きさや形は整合状態のものと異なってきます。しかし、配線幅が小さくなるのに従って、配線の自己インダクタンスがいくらか大きくなります。そのため、これに伴って最初の共振周波数は低い方へシフトしています。ただし、整合状態のものと比べて、全体的な傾向が激変しているというわけではありません。

　次に、これを共振の影響のない100MHzに着目すると、以下に示すような特徴があることが分かります。

・**図3-18 (a)**：近端クロストークにおいては、信号配線の特性インピーダンス値が小さくなると配線間クロストークは増大しています。

・**図3-18 (b)**：遠端クロストークにおいては、信号配線の特性インピーダンス値が小さくなると配線間クロストークは低減しています。

　この配線間クロストークの近端出力と遠端出力における順位の逆転現象について明らかにいえることは、この事例の示す配線幅の変化においては、電磁誘導結合の要因による配線間クロストークの大きさはわずかしか変わらず、電界結合の要因によるクロストークが大きく変化していることです。**図3-18**では分かりにくいものの、100MHzにおける近端側出力と遠端側出力の大きさを比較すると以下のことがいえます。

・$Z_0$=49.7Ω（配線幅1.93mm）では約3.2dB。**3.2.5**の場合と同一です。電磁誘導結合が優勢ですが、電界結合はその1/5.9程度です。

・$Z_0$=49.7Ωより大きくなる（配線幅＜1.93mm）と、近端側と遠端側の出力差が小さくなります（細くなるほど電磁誘導結合のみに近づきます）。

・$Z_0$=25.7Ω（配線幅5.29mm）では約13dB。これは、電磁誘導結合と電界結合の大きさが1.58

倍程度しか違わないことを表しています。配線間隔が18mmと大きいのに、**3.2.5**で配線幅約2mmの場合に2配線間隔が3mmになったときと同じことが起きるわけです。

すなわち、配線幅が大きくなると、配線間隔が離れていても、電界結合の影響がここまで大きくなるのです。配線のインピーダンスは低いほうが対ノイズ性能が優れているといわれることがありますが、必ずしも全面的に有利というわけではありません。この例が示すように低インピーダンス、すなわち配線幅が広くなると、思いのほか電界結合が強くなることに注意する必要があります。

このこと以外では、配線間クロストークの大きさが周波数に比例するという基本的な性質が、配線の特性インピーダンスが変化して負荷と不整合になっても、整合状態の場合と異なるわけではありません。

上記の検証が示すように、整合系での測定は次の①と②に示すように意義があります。

①整合系での実験結果であっても、得られた結果の基本的な物理的性質は、実際の配線パターンと定性的にはそれほど変わるものではありません。

②高周波系の測定では、ネットワークアナライザーやスペクトラムアナライザーなどに代表される測定器の入出力インピーダンスは決められており、基本的に国際的に共通な50Ω系での測定結果ということになります。そのため、部品などの仕様書において、サプライチェーンにおける「共通言語」として契約の際に有効です。

## 3.3　グラウンドパターンの正体

デジタル回路とアナログ回路、電源回路などが同居する回路基板において、回路間の相互の影響を避けたいと考えるのは当然です。そのためには、異なった回路と共通グラウンドとなることを極力避けたいことから、それぞれの回路ブロックごとに専用グラウンドを持つことになります。しかし、これらの回路グラウンドは1枚の基板として動作させるために、どこか共通性のあるところで相互に接続することになります。

その結果、多層構成の回路基板のグラウンド専用層を、動作そのものや動作目的の異なる回路の間でスリット状に銅箔を取り去った状態として分離し、どこか1点で相互に接続するという設計をよく見掛けます。

ここでは、上記の設計を行った場合の良否や課題について考えてみます。

### 3.3.1　回路間分離用スリットが信号配線間クロストークに及ぼす影響

**図3-19**は、小型電子機器の多層PCBにおける第2層目の共通グラウンド層のパターンを示しています(信号配線層は隣の第3層目)。

この機器のPCBは当初、微小電流を扱うアナログ回路をデジタル回路が発生するノイズから守ろうとしました。そのために、アナログ回路領域におけるグラウンドの外周部のほぼ全周にわたり、銅箔を細いスリット状に取り去りました。これにより、デジタル回路のグラウンドと分離し、共通性のある電源回路付近のみで接続しました。ところが、この機器を自動車に搭載すると、その車載FMラジオにわずかですがノイズの混入が認められました。

　この機器はデジタル回路にCPUを搭載しており、そのクロック周波数は16MHzです。コネクター$V_{cc}$端子からの伝導流出ノイズを確認してみると、16MHzの第5高調波である80MHzの信号が大きく確認されるレベルでした（**図3-19**のスリットありのデータ）。この80MHzはFM放送波帯域内の周波数であり、これがワイヤハーネスへ伝導流出した結果、ワイヤハーネスから**コモンモード放射**して車載ラジオのアンテナからラジオに混入したと考えられます。

　この流出の原因は、後ほど考察するように、隣層である第3層の信号配線の多くがこのグラウンド層の**スリット**を横断していたことによるものです。前記のグラウンドパターンのスリットを廃止すると、この図のスリットなしのデータのように80MHzのレベルが約17dB低下し、放送帯域内へのノイズの混入は認められなくなりました[8]。

　この事例では、回路間分離用のグラウンドのスリットは設けないほうがよいという結果でした。このことが普遍的にいえるかどうかを確認するための実験モデルが**図3-20**です。

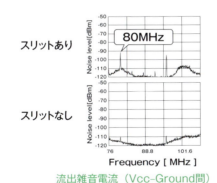

流出雑音電流（Vcc-Ground間）

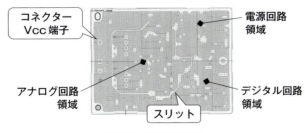

グラウンド専用層パターン

**図3-19** 電子機器からの伝導流出雑音電流のスリット依存性（作成：筆者）

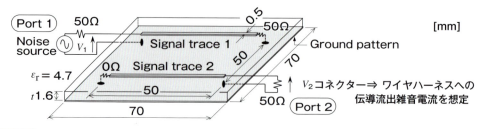

図3-20 ▶ PCBからの伝導流出雑音電流の確認モデル（信号配線の$Z_0 \cong 90\,\Omega$）（作成：筆者）

　ここでは、前記の事例を雑音電流がPCB内で拡散した結果、外部配線に伝導流出したものと捉えます。その上で、拡散が少ないのは、信号配線間クロストークの少ないグラウンド層パターンであるということに関して確認を行います。

　図3-20に示す基板のグラウンドに各種スリットを設けた場合、信号配線1をポート1（Port 1）励振したときに、信号配線2からの伝導流出電流として現れるポート2（Port 2）出力を測定したのが図3-21です。

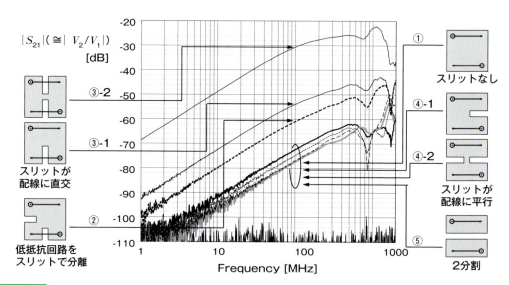

図3-21 ▶ PCBからの伝導流出雑音電流の確認モデル（作成：筆者）

　この図の番号①～⑤における実験コンセプトと、グラウンドに設けたスリット1個当たりの大きさはそれぞれ次の通りです。

①スリットを全く設けないもの（いわゆる**ベタグラウンド**）。
②保護されるべき回路のグラウンドをスリットで取り囲んだもの。スリットのサイズは1個当たり20mm×10mm。
③配線直下に直交するスリットを設けたもの。スリットのサイズは1個当たり30mm×

10mm。

④配線間に平行なスリットを設けたもの。スリットのサイズは③と同じで、1個当たり30mm×10mm。

⑤2配線のグラウンドを2分割し、直流的に完全に分割したもの。分割幅は④と同じ10mm。

　**図3-21**の伝導雑音電流の測定結果を、グラウンドにスリットを全く設けていない①と比較しながら見ると、以下の(1)〜(3)が見て取れます。

(1)回路を保護しようとしてスリットで取り囲んだ②では、その意図に反して基板外への伝導流出電流が①よりも約12dB増大しています。

(2)配線に直交するスリットのみにすると、伝導流出電流は②よりもさらに増大しています。特に③-2は一見、非現実的に思われるかもしれません。しかし、内部回路を保護する意図で、その回路グラウンドをコネクター部分と大きく分割して、相互の電気的な関係を絶とうという意図の設計でよく見られます。

(3)配線に平行で、かつ配線と交差することがないスリットを設けると、わずかではありますが伝導流出電流の出力は抑制されています。ただし、スリットを2個設けたものである④-2と、完全に2分割したものである⑤との差は0.5dB程度しかありません。このことから、信号配線同士の電気的な結合は基板程度のサイズにおいては、せいぜい空間的な結合の影響が大きく、グラウンドバウンスの影響は小さいともいえます。

　これらの結果より、配線の密度が高い現実の基板においては、スリットを設ければ必ずどこかの信号配線がスリットを横断することになります。そのため、スリットを設けることは危険であるといえます[7]。

　また、ここで確認実験については触れませんが、**図3-21**の②に示す回路を取り囲むスリットの場合、このスリットを信号源や負荷、コネクター部のどこに設けてもクロストーク増大の仕方は変わりません。しかも、スリットが1個の場合にクロストークが変化する現象については、このスリットがこの図における線対称の場所にある場合でも全く同様であることを付記しておきます。

　なお、実際の基板ではこのように幅の広いスリットは少ないと思われるため、信号配線に直交するスリットの幅を小さくしていった場合を確認した結果を**図3-22**に示します。これは**図3-21**に示す③-1の基板において、スリットの幅を変化させたときの100MHzにおける配線間クロストークの変化をシミュレーションした結果です。**図3-22**を見ると、配線間クロストークはスリット幅が細いときには変化が大きく、幅が広くなるのに従って、緩やかに増大していることが分かります。

これにより、スリットの幅が狭くてもそこを横断する信号配線があれば、配線間クロストークは大きく増大するということが分かります。つまり、細いスリットであっても、信号配線と交差するものは設けてはいけないということがいえます[9]。

　次に、信号配線を横断するスリットが信号配線間クロストークを大きくしていることを考察しているのが図3-23です。これは図3-21に示す③-1の基板に設けたスリットが、横断している側の信号配線を励振したときに往復電流の作る磁界を可視化測定した結果を示しています（100MHzの場合を表示）。

　図3-23を見ると、信号配線の真上の磁界が弱い表示になっています。これは、プローブの検出コイル面が基板と平行方向であるため、コイルを鎖交する磁束が最も少ない場所になっているからです（測定上の事情によります）。

　この結果を見ると、信号配線を流れる電流の帰還路には2種類あることが分かります。
　1つは、この図の「$J$」がスリットによりグラウンドの導体上を迂回させられる伝導電流密

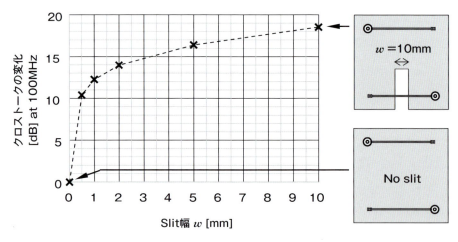

図3-22　クロストークのスリット幅依存性（作成：筆者）

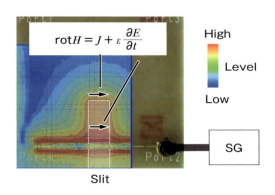

図3-23　PCB上の磁界分布（作成：筆者）

度であり、この間に他の配線があればそこにクロストークします。

2つは、スリット部分である幅10mmにわたって銅箔がない空間に流れる変位電流 $\varepsilon \partial E/\partial t$ によって作られる磁界です（プローブのコイル径は$\phi$2mmでありスリット幅の1/5）。この変位電流は電磁波としての放射源になるため、この存在こそが他の配線へのクロストークを大きく増大させている原因となります。

以上は送信として説明していますが、スリットが信号配線によって励振されるスロットアンテナとなっているので、このスリットは送信の場合も受信の場合もアンテナとしては全く等価であるといえます（**図3-22**の実験結果の場合は受信アンテナになっています）。

また、信号配線に平行なスリットの存在がクロストークをいくらか低減させているのは、配線の共通グラウンド中央部のスリットが、2配線間の相互誘導と相互容量による結合をわずかに低減させているためであると考えられます。

この2配線間に平行に設けたスリットの極値であるグラウンドを2分割した場合において、分割幅を変化させた場合の配線間クロストークの改善状態をスリットのない場合と比較したのが**図3-24**です。

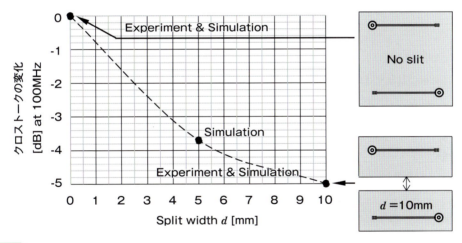

**図3-24** クロストークのスリット幅依存性（作成：筆者）

分割のない場合と分割幅$d$=10mmの場合のクロストーク値は、共に実験とシミュレーション（実験と一致）によるものをプロット。分割幅$d$=5mmの場合は、そのシミュレーションの値のみではありますがプロットし、その間は想像線として破線でつないでいます。概ねこのように変化すると思います。

スリット幅は普通10mmもなく、1mm程度またはそれ以下と思われます。従って、苦労してスリットでグラウンドを分割しても、そのことによる配線間クロストーク抑制効果は**図3-24**に示すように$d$=1mmの場合で0.8dB程度しかないことが推察されます。もし、この

スリットを横断する配線が1本でもあれば、これまで説明したように大幅にクロストークが増大してしまう可能性があります。

　一般に、微小な直流電流の経路を考慮するなどの理由により、グラウンドを分割している設計がよく見られます。しかし、高周波ノイズの問題は必ずあるので、上記の事項をよく考慮した上で設計することが重要です。

### 3.3.2　回路間分離用スリットが信号の伝送と放射に及ぼす影響

　3.3.1では、グラウンド層パターンが2配線間のクロストークに及ぼす影響について確認してきました。ここでは、スリットがある配線そのものの動作がどうなっているのかについて確認しておきましょう。

　**図3-25**はマイクロストリップ線路を持つ小型の2層基板(PCB)です。**図3-25 (a)**は信号配線に直交する1mm幅のスリットを持つもので、**図3-25 (b)**は信号配線に平行な1mm幅のスリットを持つものです。両PCBにおいて、スリットの個数を変化させた場合の伝送特性を確認した結果を示しています。それぞれのモデルにおいて結果を記すと、概ね以下の通りです。

・**図3-25 (a)**のPCB (a)では、配線中央部にスリットが1個あるだけで、スリットがないものと比べて100MHzにおいて$|S_{11}|$(反射)が約22dB増大しています。スリットが2個になるとさらに6dB程度増大し、3個になるとさらに3dB程度増大しています。このように、スリットがない状態から1個ある状態の変化が最も大きくなっています。また、100MHz程度の周波数においては$|S_{21}|$(通過)はほとんど影響がないので、回路の動作確認などにおいては気が付かないことが多いと思います。ただし、反射が大きくなる1GHz程度になると、通過特性は影響を受けていることが見て取れます。

・**図3-25 (b)**のPCB (b)では、信号配線の真下に平行なスリットがある1スリットと5スリットで、スリットがないものと比べて、100MHzでの$|S_{11}|$が6dB程度増大しています。この場合は、すぐ近くに電流の帰路となるグラウンドがあるため、この程度の増大で済んでいます。また、どれも3GHzになっても$|S_{11}|$は−18dB以下、$|S_{21}|$は−0.5dB以上であり、ほとんどスリットの影響を受けていないように見えます。

　次にこれらの近傍磁界の分布を可視化観測した結果が**図3-26**です。**図3-26**から以下のことがいえます。

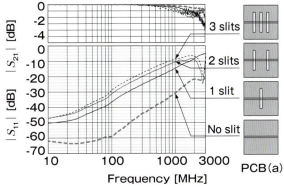

(a) 信号配線に直交するスリットを持つ基板

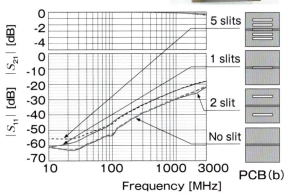

(b) 信号配線に平行なスリットを持つ基板

**図 3-25** グラウンドにスリットのあるマイクロストリップ線路の伝達周波数特性（作成：筆者）

- **図3-26(a)** のPCB(a)では、スリットの変位電流による磁界が確認されており、これよって配線に交差するスリットは設けるべきではないと考えられます。

- **図3-26 (b)** のPCB (b)では、1スリットから5スリットまでのいずれもが、スリットのないものと比べて3GHzまでほとんどスリットの影響を受けていないように見えます。

以上、この信号配線単独の場合の検証においては、配線に交差するスリットの存在は信号の伝送特性に多大な影響を及ぼします。放射においても大きく増大させてしまいますが、信号配線に全く交差しないスリットはほとんど影響がないことを示しています。

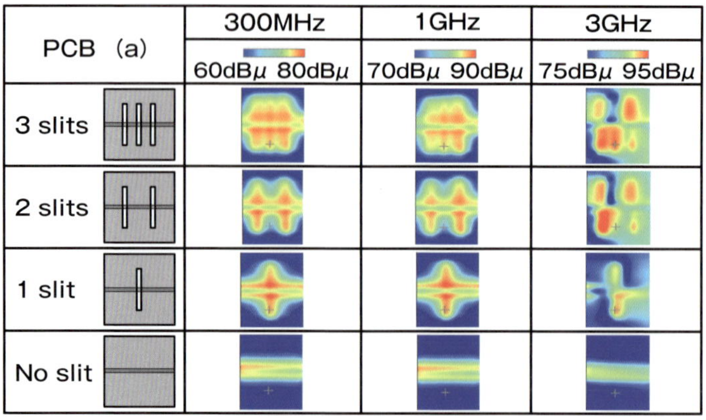

| PCB （a） | 300MHz | 1GHz | 3GHz |
|---|---|---|---|
| | 60dBμ 80dBμ | 70dBμ 90dBμ | 75dBμ 95dBμ |
| 3 slits | | | |
| 2 slits | | | |
| 1 slit | | | |
| No slit | | | |

（a）信号配線に直交するスリットを持つ基板

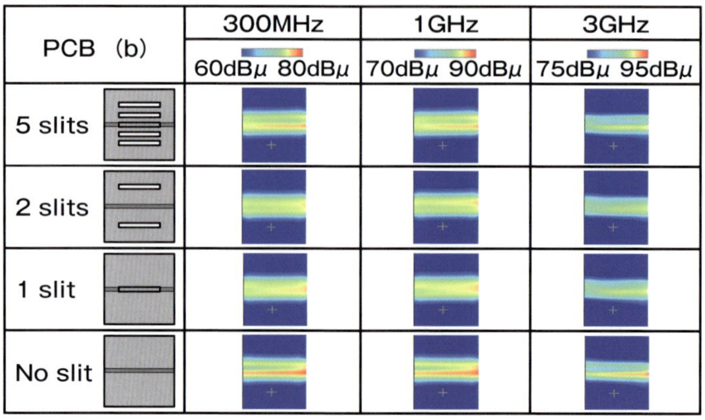

| PCB （b） | 300MHz | 1GHz | 3GHz |
|---|---|---|---|
| | 60dBμ 80dBμ | 70dBμ 90dBμ | 75dBμ 95dBμ |
| 5 slits | | | |
| 2 slits | | | |
| 1 slit | | | |
| No slit | | | |

（b）信号配線に平行なスリットを持つ基板

**図3-26** グラウンドにスリットのある基板の近傍磁界可視化結果（作成：筆者）

　**図3-26（b）**のPCB（b）の例を見ても分かるように、信号配線直下のグラウンドが欠如していても、信号配線のすぐ近くのグラウンドに帰路となる伝導電流路が連続的に確保されていれば、伝送特性も放射も共に影響は小さくなります。

　「プレーングラウンド（通称ベタグラウンド）を設けるのがよい」といわれても、デバイスが高密度実装されている実基板においては、多くの他配線による貫通ビアを避けるための穴が多数あるパンチングメタルのようなベタグラウンドになってしまうというのが現実です。これではとても安定したプレーングラウンドといえないではないかという意見も多く出ますが、個々の穴の間に少しでも導体が残っていればよいのです。従って、グラウンドプレーンに貫通ビアを避けるための穴が際どく密集していても、その穴の間のグラウンドは、粘って何としてでも残す努力をすべきであるといえます。密集する穴をつないでスリットにしてしまわないのが、基板内でのノイズの拡散を増大させないことになるといえます。

　このことは、**3.3.1**におけるグラウンドのスリットが配線間クロストークに及ぼす影響を推察できることにもなっています。

### 3.3.3　低周波信号と高周波ノイズによる配線間クロストークの関係

　ここまで高周波の雑音電流による配線間クロストークを中心に考えてきました。一方、アクチュエーターを駆動するための、いくらか電力レベルの大きい回路が基板内に同居する場合は、その影響が制御系の回路などに及ばないようにするために、何らかの隔離をしようとまずは考えると思います。これは大切なことですが、果たしてその影響はどの程度なのでしょうか。

　ここで、低周波の矩形波とその高調波による配線間クロストークについて考えてみたいと思います〔図3-27 (a)〕。

　図3-27 (b)は、3.3.1における図3-20の回路基板において、スリットのないものの配線間クロストークの周波数特性の測定結果です。

　配線間クロストークの大きさは、共振部分の近くを除いた低い周波数の領域においては

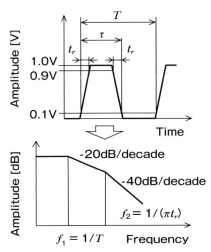

(a) 矩形波の波形

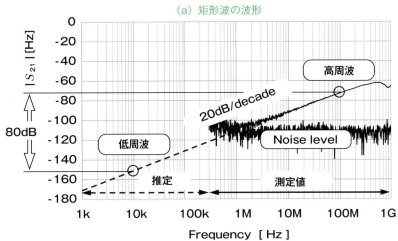

(b) 配線間クロストークの周波数特性

**図3-27** ▶ 矩形波の信号波形と配線間クロストーク（作成：筆者）

周波数に比例し、20dB/decadeの割合で大きくなっています。このことは等価回路で計算してみれば分かることです。配線間が電磁誘導結合のみの場合でも、容量結合のみの場合でも、両者が加算されている場合は**図3-27 (b)**でも同じです(詳細は省略します)。

**図3-27**の配線間クロストークは、測定に用いたネットワークアナライザー(Keysight製E5071C)の仕様上、300kHz以下は測定できていませんが、300kHz以下の場合も理論上は破線で示すような特性を示すはずです。

従って、**図3-27 (b)**を見ると、この系の一方の信号配線を**図3-27 (a)**に示す矩形波で励振した場合、その繰り返し周波数が10kHzという低周波のときには、問題になりやすい100MHzの場合と比べて、80dB小さいことが分かります。その基本波が他の信号配線にクロストークする信号のレベルは、外部配線へ流出して放射するからです。この矩形波の高調波の大きさは、周波数の上昇に伴って$-20$〜$-40$dB/decadeの割合で低下しています。

配線1の励振→配線2へのクロストークは縦続の関係になるので、その大きさは信号の高調波の周波数特性とクロストークの周波数特性がキャンセルされるか、またはそれ以下となって、周波数が上昇してもこの図の10kHz時の大きさである$-152$dBか、それ以下であることが推察されます。

この例が示すほど周波数が低い場合には、配線間クロストークは高周波と比べてももともと小さく、また、高調波のレベルも増大するわけではありません。

これらを鑑みると、動作レベルが多少大きいアクチュエーター駆動用の回路が同一基板内にあっても、デバイスの配置に気を付ければ、それが基板内で大きく拡散しそうもないことが推察されます。

無責任なことは言えませんが、筆者の経験では、ソレノイドなどのアクチュエーターを駆動する電力回路が同一基板内に同居していても、その動作が12Vで10A程度の矩形波の場合には、他の回路とプレーングラウンド(ベタグラウンド)で共通にしていても、他の回路への影響は認められませんでした。加えて、他配線から伝導流出するレベルも大きく観測されることはありませんでした(これ以上のレベルの回路については未経験)。

このことから、上記程度の電力レベルの回路が基板内に同居していても、一般的にあまり恐れる必要はありません。逆に、共通グラウンドにスリットを設けてグラウンドを分離することにより、スリットを横断する配線ができてしまうことのほうが(その横断する配線が全く無関係に思われる配線であっても)有害だといえるでしょう。

これは基板内でのノイズ拡散による、他配線から伝導流出するノイズのことです。駆動回路に直接つながる外部配線から伝導流出する高調波ノイズの抑制方法については、別途考慮しなければなりません。しかし、これに関しては仕方のないことであり、どのような構成にしても同じことだと思います。

3.3では雑音電流が信号配線間でクロストークして基板内で拡散した結果、外部ワイヤへ伝導流出する説明をしています。伝導流入の場合においても関係が逆になるだけであり、全く同じことです。

また、共通グラウンドとなるプレーングラウンド層（ベタグラウンド層）にはノイジーな所と静かな所があるので、各回路のグラウンドは接地場所に気を付けるように言われることも少なくありません。ここで示したように、結局はグラウンドパターンも、初めから信号配線の帰路として考えるか、不本意ながら誘導したノイズの帰路となるかということであり、結局は往復電流として考えなければならないということが分かると思います。必ずしもどこかのグラウンドに接続したからどうこうということではなく、信号配線とグラウンドパターンとセットで考える必要があるのです。

### 3.3.4　グラウンドの分離に関するまとめ

3.3において考察してきたグラウンドパターンの取り扱いについては、設計の際によく議論の俎上に載ります。そのため、これまで考察してきたことをここで簡単にまとめておきます。

**図3-28**は、表面に回路間を接続する電源線と信号配線のパターンがあり、裏面にそれぞれの帰路電流が流れることを前提とするプレーン状のグラウンドパターンを持つシンプルな2層基板を表しています。

各回路は基板全体に散在させず、回路の用途ごとに別ブロックのように小さくまとめて、それぞれを分離させていることは、回路基板設計において基板にノイズを拡散させないための大原則です。そのため、**図3-28 (a) ～ (c)**は全てそうなっています。違いは共通グラウンドにおける回路間分離用スリットの有無と、それに伴う配線のはわせ方の違いのみです。

ここで**図3-28 (a) ～ (c)**について考察すると、以下のことがいえます。

(1)**図3-28 (a)**は、各回路ブロックのグラウンドを、いわゆるベタグラウンドとして共通にしてしまっています。このようにすると、信号配線がどのように曲がりくねっていても、グラウンドパターンを帰還する電流は、信号配線の近くに無理なく集まって来られます。そのため、結果的に伝送電力の拡散は少なくなります。

(2)**図3-28 (b)**は、各回路間の干渉を恐れて、それぞれの専用グラウンドをスリットによって分離したものです。**図3-28 (a)**と同じようにはわせた配線がスリットに交差します。そのため、それによって励振され、スリットから放射した信号が他にクロストークして基板内に拡散することになります。

(3)**図3-28 (c)**は、回路間の配線を各回路のグラウンド接続部を経由して迂回するように配置しています。これらの配線はスリットに交差していないので、帰路電流は**図3-28 (a)**

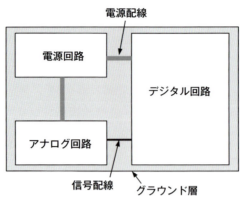

**図 3-28** 用途に応じた回路の分離とグラウンド層パターンの分離 （作成：筆者）

のように無理なく信号配線の近くに集まって帰還できます。

　これらを考えると、基板内でのノイズの拡散は**図3-28 (b)** が最も大きく、**図3-28 (a)** と**図3-28 (c)** ではあまり違わないように思えますが、各回路のグラウンドを専用グラウンドとしてスリットでズタズタにしてしまうと、これらの全てを多点で金属筐体やシャーシに接続できないものにしてしまう恐れがあります。

　結局、高周波（とは限らず）ノイズの抑制の観点では**図3-28(a)** が最も良いことになります。

## 3.4　信号配線パターンの引き回し

### 3.4.1　信号配線パターンと層間移動

**（1）信号配線パターンの引き回し**

　**図3-29**は、外部構造などの都合によって移動できない部品などがある場合における信

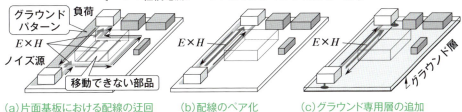

(a) 片面基板における配線の迂回　(b) 配線のペア化　(c) グラウンド専用層の追加

**図 3-29** ▶ 回路基板における対ノイズ性能改善の一例（作成：筆者）

号配線パターンの引き回しの3種類の例を表しています。

これらの回路基板のそれぞれのコンセプトは、**図3-29 (a)〜(c)** の3つです。

**図3-29 (a)** は、片面基板でプアーになりがちなグラウンドパターンを、極力太くすることを忠実に守るように優先した結果、信号配線を迂回させたものです。

**図3-29 (b)** は同じく片面基板ですが、グラウンドパターンを太くすることを犠牲にしても、往復配線のペア性を優先したものです。

**図3-29 (c)** は裏面にプレーンなグラウンドを設け、信号配線をマイクロストリップ構造にしたものです。

これらを評価すると、定性的ではありますが以下のことがいえます。

**図3-29 (a)** では迂回した部分で往復配線の特性インピーダンスが大きく変化。そのために迂回のし始めと、し終わりの境界で反射が発生して配線上の定在波が増大します。また、迂回した部分の電磁界の分布が大きく広がることによって放射が増大し、他の配線へのクロストークが増大します。

**図3-29 (b)** では往復配線の特性インピーダンスが一定で安定した値になります。裸線なので電磁界はそれなりに広がってしまいますが、配線間隔を極めて近くした場合にはディファレンシャルモードの電流に対しては、ある程度の電磁遮蔽効果はあります（**3.1.2** 参照）。

**図3-29 (c)** では電界がプレーン状の広いグラウンドに多く受け止められます。電磁界の広がりは比較的抑えられ、放射から他配線へのクロストークも比較的抑制されます。

これらを比較すると、**図3-29 (c)** が最も有利であることが推察されます。なお、この場合のポイントは、裏面のグラウンド層を帰路電流路として使用するマイクロストリップ配線の構造にすることにあります。**図3-29 (a)** や**図3-29 (b)** の構造のまま、単にグラウンド強化という名目によって裏面にグラウンド層を設けても、帰路電流路が複雑になったり浮遊容量による共振現象が起きたりするだけである場合が多くなります。従って、改善にならないケースが少なくなりません。

## （2）信号配線の層間移動

図3-30は4層基板での信号配線の層間移動の一例を表しています。多層基板を設計する場合、他の多くの信号配線をくぐり抜けるために、信号配線を層間移動する必要性に迫られるケースが多く発生します。

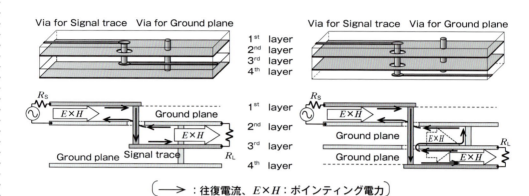

（a）信号配線が第1層から第3層に移動　　　　（b）信号配線が第1層から第4層に移動

**図3-30** ▶ 4層基板における信号配線パターンの層間移動の例（作成：筆者）

この図が示すように、往復電流は信号配線とグラウンドの導体対向面を流れます。

図3-30(a)では、グラウンドを流れる帰路電流は、信号配線間を接続するビアを避けるための穴を介して電流路が難なく変更されています。これにより、信号配線の対向面を帰還するので、電磁界の乱れは最小限に抑えられて、ポインティングベクトル（電流、$E \times H$）は比較的安定して進行することになります。

一方、図3-30(b)では、信号配線が2層にまたがって層間移動しているので、信号配線の相方となるグラウンドプレーン自体が変更されることになります。そのため、2つのグラウンド間を接続するビアの位置によっては、この図に示すように電磁界が乱れやすくなるので、他の配線へのクロストークが増大しやすくなり、基板内でノイズとして拡散することになります。

つまり、信号配線が密集しており、層間移動する場所の極近にグラウンド間の接続用ビアを設けることが難しい場合には、層間移動は図3-30(a)にしておくほうが安全であるといえます。

### 3.4.2　ガードトレースの効果

配線間のクロストークを抑制する方法として、図3-31に示すように2配線間に保護用の配線を設ける方法がよく採用されます。

この保護用の配線はガードトレースと呼ばれます。通常はその配線の両端、またはその

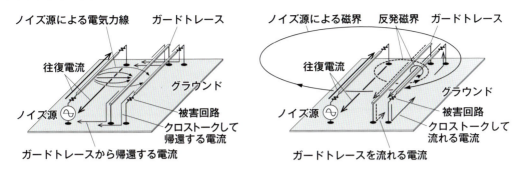

**図 3-31** 回路基板におけるガードトレースによる配線間クロストークの抑制原理 （作成：筆者）

間を多点でグラウンド層にビアで接続しています。このグラウンド層に両端をビアで接続するガードトレースが配線間クロストークを抑制する原理は、**図3-31**に示すように2つあります。1つは電界結合の抑制であり、もう1つは電磁誘導結合の抑制です。

**図3-31(a)** は電界結合の様子とその抑制を表しています。ノイズ源を持つ配線と**被害回路**を持つ配線との間にガードトレースを設けます。これにより、被害回路側の配線に向かう電界による電気力線のうちの多くを受け止めてバイパスさせ、ノイズ源へ帰還させるというのが原理です。この図を見れば分かるように、ガードトレースは電流が流れやすい低抵抗のものを電気力線の密度の高い部分に設置しないと、十分な効果を発揮しないことが推察されます。

**図3-31(b)** は電磁誘導結合とその抑制を表しています。ノイズ源を持つ配線か被害回路側の配線の近くに低抵抗の1ターンコイルを構成するガードトレースを設置。それが作る反発磁界により、ノイズ源の抑制、または被害側回路へ侵入する磁界を抑制することによって、クロストークとなる電磁誘導結合を抑制するというのが原理です。

この場合のガードトレースは、レンツの法則を応用した**ショートリング**として動作します。これも、もともとの結合原因となっている配線を低抵抗のガードトレースが作る反発磁界の勢力範囲内に置かなければ、十分な効果は期待できません。

**図3-31(a)** と**図3-31(b)** のいずれの場合も、電流の流れやすい低抵抗のガードトレースを配線近傍に配置する必要があります。この後、これを確認していきます。

**図3-32**はガードトレース評価のモデル基板です。ガードトレースによる信号配線間クロストークの抑制効果を確認する目的で用意したFR-4基材の2層基板（PCB）です。配線は全てマイクロストリップ構造であり、2本の信号配線の特性インピーダンスは$Z_0$=50Ωであって、負荷抵抗類は全て50Ωです。

このガードトレースは、その長手方向の両端部で基板表面のグラウンドに接続されています。そして、そのグラウンドは、ガードトレースの近傍において裏面のグラウンド層パターンに多数のビアによって接続されています。

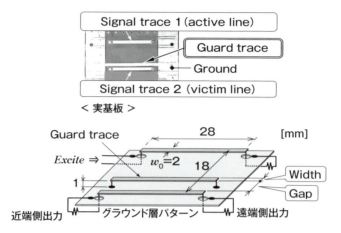

**図3-32** ガードトレース評価のモデル基板（作成：筆者）

このモデルを用いて、ガードトレースと信号配線との間のギャップや、ガードトレースの線幅、ガードトレースをどの配線の近くにどのように配置すればよいか、設置本数が多いほうがよいかなどの検証を以下の(1)～(3)で行います。

### (1) ガードトレースと信号配線間のギャップを変化させた場合

**図3-33**は、信号配線と同じ線幅2mm（従って、特性インピーダンスも同じ50Ω）のガードトレースと、被害側の配線との間の距離（ギャップ）を変化させたときの信号配線間クロストークの変化を表しています。

このギャップが狭いほど、クロストーク抑制効果があることが分かります。また、ギャップが3mm程度以上になると、クロストーク抑制効果がほとんどなくなることを示しています。このことは、先に述べたようにガードトレースは電気力線の密度が高く、ガードトレースの作る反発磁界の勢力範囲内と考えられる所に設置しないと効果がなくなるということを意味します。

### (2) ガードトレースの線路幅を変化させた場合

**図3-34**は、ガードトレースと信号配線間のギャップを1mmで一定とし、ガードトレースの線路幅を変化させた場合の信号配線間クロストークの変化を表しています。

これを見ると、信号配線間クロストークはガードトレースの線路幅が増大しても、実験のばらつきによると思われる極小と極大がいくらかあるものの、全体的に見ると信号配線間クロストークの抑制効果はガードトレースの線路幅を大きくしてもあまり変わらないといえます。

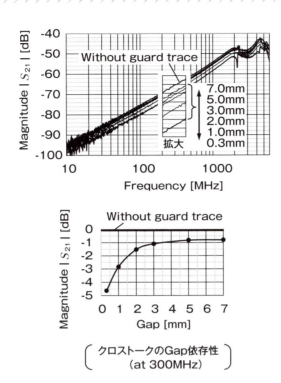

**図 3-33** 遠端クロストークのガードトレース - 信号配線間隔（Gap）依存性（作成：筆者）

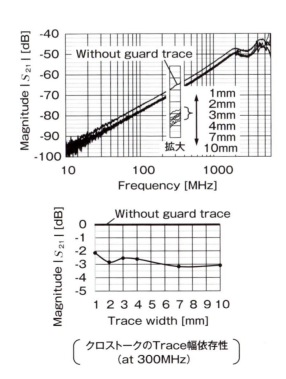

**図 3-34** 遠端クロストークのガードトレース線幅（Trace width）依存性（作成：筆者）

101

## (3) ガードトレースの設置場所と接地本数を変化させた場合

図3-35は、ガードトレースの設置場所と設置本数を変化させた場合の信号配線間クロストークの変化を表しています。

ガードトレースの線路幅（$w$=2mm）と、ガードトレースの設置場所における近傍の信号配線との間のギャップの大きさ（Gap=1mm）は図3-33の場合と同じです。図3-35を見ると、ガードトレースの設置本数が増えると、信号配線間クロストークのdB値は、この図の状態での設置本数にほぼ比例して低減しています。加えて、守るべき被害側の配線の近くのみならず、ノイズ源となる配線の近くに設置しても有効であることを示しています。

また、この事例の場合、特にガードトレースが①1本→②2本の場合と、③3本→④4本の場合の変化を見ると、ガードトレースは必ずしも2つの信号配線の間ではなくてもクロストークを抑制していることが分かります。このことは、信号配線間隔がこの事例のように18mm程度の場合、クロストークの要因は電磁誘導結合が優勢であり、ガードトレースに

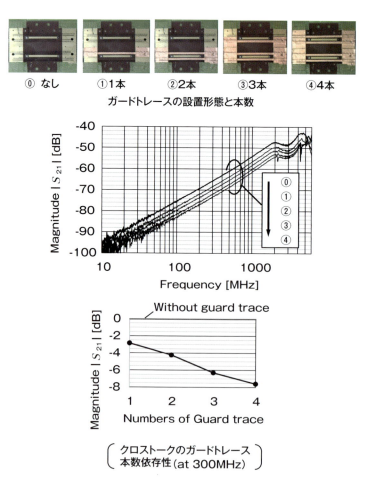

図3-35　遠端クロストークのガードトレースの設置場所と設置本数依存性（作成：筆者）

よるクロストーク抑制効果は電磁誘導結合の抑制が多くを占めていることを示しています。

信号配線間隔が極近の場合には電界結合の要因が大きくなるので、ガードトレースは2つの信号配線の間に設置しなければなりません。

## 3.5　デカップリング用デバイス

主なデバイスについて、それらの用途と特徴の概要を**図3-36**に記します。

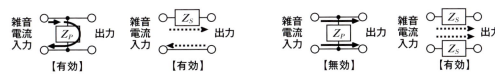

（a）ノーマルモードに対するデカップリング　　（b）コモンモードに対するデカップリング

| 素子名 | $Z_P$ として使用 | $Z_S$ として使用 | 備考 |
|---|---|---|---|
| キャパシター | ローパスフィルター | ハイパスフィルター | 安価 |
| インダクター | ハイパスフィルター | ローパスフィルター | いくらか安価 |
| PCBパターン | ローパスフィルター／ハイパスフィルター | | 部品コストゼロ、性能限界あり |
| EMIフィルター | ローパスフィルター／ハイパスフィルター | | いくらか高価 |
| フェライトコア | — | ローパスフィルター | 大きな物は高価 |
| コモンモードチョーク | — | ローパスフィルター | 高価、使い方が難しい |

**図3-36**　雑音のモードとフィルター適用の概要（作成：筆者）

**デカップリング**は、キャパシターなどを信号配線とグラウンドとの間にむやみに接続すればよいというものではなく、**ノイズのモード**によって考慮しなければなりません。

ノイズが**図3-36 (a)**に示す回路図通りの**ノーマルモード**であれば、往復配線間に電位差があるので、キャパシターなどのデカップリング用デバイスを並列に接続してノイズをバイパスさせます。インダクターなどを直列に接続してノイズ電流を低減させればよいと思います。

一方、ノイズが**図3-36 (b)**に示す回路図通りの**コモンモード**の場合には、往復配線間に電位差がないので、このモードに対しては原理的には配線間に並列に接続するデバイスのノイズバイパス効果はありません。目に見える往復配線間のみでノイズ対策を行おうとする場合には、直列にインダクターや抵抗などのノイズを抑制する素子を挿入するしかありません。

その他の例としては、往復配線を同時にフェライトコアで覆う対策があります。これをもっと徹底したものが**コモンモードチョーク**です。

また、コモンモードは往復配線の合計が往路配線で、どこかにあるコモングラウンドを

帰路配線とするノーマルモードといえます。そのため、コモングラウンドが見つかれば（通常は金属シャーシであることが多い）、往復配線のそれぞれとコモングラウンドとの間に、静電容量の値が同じキャパシターを対称な形となるように接続すればよいのです。これは形態上の特徴から、通称**Y-コンデンサー**と呼ばれています。これらについては、後に回路基板を金属筐体に装着する場合に必要となります(図は省略)。

なお、デカップリング用のデバイスを使用するに当たってはキャパシターやインダクターを組み合わせたフィルター回路もありますが、詳細は他に譲ります。ここでは、デバイスを使用するに当たって一般的にはあまり記述されていない注意事項の概要を簡単に述べるのにとどめます。

### 3.5.1 キャパシター

キャパシターのリアクタンスは、周波数に逆比例して低減します。そのため、往復する信号配線間に並列に接続すれば、それ自身がローパス型のフィルターとして機能します。ただし、キャパシターはそれ自身が**自己共振**するので、使用に当たっては注意が必要です。それらを次の(1)と(2)で紹介します。

### (1) キャパシターによるデカップリングと基板外への流出ノイズの関係

回路基板内で拡散したノイズの外部配線への流出を抑制するために、**図3-37**に示すようにノイズ源となる素子の近傍にキャパシターを装着するケースが多く見られます。この場合、回路基板内で拡散したノイズの外部ワイヤへの流出については、以下の①と②を考慮する必要があります。

① 信号配線間クロストークは周波数に比例して増大するので、外部ワイヤへの流出ノイズの流出量は周波数に比例して増大するはずです。

② キャパシターのリアクタンスはその容量$C$に逆比例し、$1/(j\omega C)$となります。そのため、

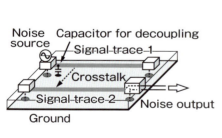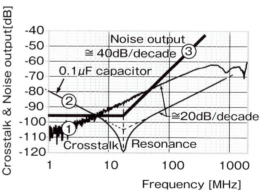

**図3-37** ノイズ源にキャパシターを装着したときのクロストーク出力 （作成：筆者）

デカップリング用としてノイズ源の直近での往復配線間に並列に接続使用すると、ノイズの流出量は周波数に比例して抑制されるはずです。

①の信号配線間クロストークと②のデカップリングが縦続関係であれば、それぞれの周波数特性が打ち消し合って外部ワイヤへの流出ノイズの周波数特性はフラットなものになると考えられます。このことを考察しているのが**図3-37**です。

**図3-37**は、**図3-20**に示すスリットのない基板の信号配線間クロストークの周波数特性（図中の①）と、1608タイプで静電容量$C=0.1\mu F$のチップキャパシターのインピーダンスの周波数特性（図中の②）を重ねて描いています。キャパシターは周波数が低いうちは純粋なキャパシターであり、そのリアクタンスは周波数に逆比例して低下します。そのため、デカップリングとしてノイズ源にパラレルに接続すれば、そのノイズ抑制効果は周波数に比例します。

ただし、素子には構造に伴うインダクタンスの成分があるため、この$0.1\mu F$のキャパシターは20MHz弱の周波数で共振し、それ以上の周波数ではインダクターになってしまいます。そのため、共振点以上の周波数では周波数に比例してリアクタンスが増大するようになり、そのノイズ抑制効果は逆に低下していってしまいます。

従って、このモデルの基板外のワイヤへの流出雑音電流は、キャパシターの共振周波数以下では周波数特性がフラットになりますが、共振周波数を超えると①も②も共に周波数に比例するので、両者が加算されて周波数の2乗に比例して増大するようになってしまいます（図中の③）。キャパシターを自己共振周波数以上の領域で使用しないほうがよい真の理由は、これです[10]。

## （2）デカップリングにおける静電容量の異なるキャパシターの並列使用

**図3-38**は、ICなどのノイズ源からの流出雑音電流をより低減させようという意図で、静電容量の異なるキャパシターを並列に追加した場合のインピーダンスの変化とデバイスからの流出雑音電流の様子を示したものです。

**図3-38 (a)**において細い実線は、$C_1$と$C_2$のそれぞれのインピーダンスに関して絶対値の周波数特性を表しています。デカップリング素子が$C_1$のみのとき、その共振点以上の周波数になると、$C_1$がインダクターになってしまいます。それでもいくらかのデカップリング効果はあるものの〔**図3-38 (b-1)**〕、その能力は周波数の上昇に伴って低減していきます。

そこで、静電容量が小さい$C_2$を並列に追加してデカップリング効果を高めようとする場合があります。しかし、このようにすると$C_1$と$C_2$のインピーダンスの絶対値が同じ大きさで逆位相（$+jX_1$と$-jX_2$）になる「P点」において、この2素子が並列共振をしてしまうので、合成インピーダンスは極大になり、これら2つのキャパシティーはないことになってしまい

105

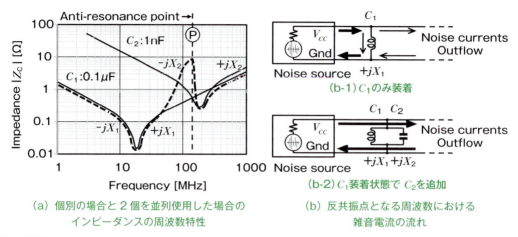

**図3-38** 容量の異なるキャパシターの並列使用によるインピーダンスの変化（作成：筆者）

ます。その結果、周波数特性は**図3-38 (a)** の破線のようになります（**反共振点**において、インピーダンスが有限値にとどまっているのは、キャパシターの$\tan\delta$の存在によります）。

結局、$C_2$を追加したばかりに、意に反してデカップリングの効果がなくなる範囲が結構まとまってできてしまい、P点近傍に存在するノイズは素通りしてしまいます〔**図3-38 (b-2)**〕。この反共振は、$C_1$と$C_2$の容量が桁が違うなど大きく離れていると、リアクタンス値が同じ大きさになる部分の位相が完全に180°異なるため、顕著に現れます。しかし、2つの容量値がそれほど違わない場合には、その影響はそれほど大きくはないので、実験などでよく確かめる必要があります。

この**反共振**を緩和するためには、2素子の間の電気的な関係を遠くする方法（2素子の間にインダクターを挿入する方法）があります。また、抵抗を併用してそれぞれのキャパシターの$\tan\delta$を小さくして共振の$Q$（鋭さ）を低下させることも考えられます。さらに、小容量の同じ値のキャパシターを多数個、並列に使用する方法も考えられます。実際、高速メモリー素子などの推奨回路にはそのような例も多く見られます。

しかし、PCBパターンのインダクタンスによる共振周波数の低下も考慮すると、全ての素子をノイズ源から近く、かつ、全く同じ距離の場所に装着することは不可能です。結局は、これまで述べたことを総合的に考慮した上で試行錯誤を行い、ほどほどに解決するということになると思います。

### 3.5.2 インダクター

信号配線の**自己インダクタンス**は、そこを流れる交流信号の繰り返し周波数に比例して増加します。そのため、負荷抵抗を接続すると、配線自体が原理的にはローパス型のフィルターとなります。しかし、その自己インダクタンスの大きさは往復配線の作るループ面積が小

さいと小さく、また、一般的なワイヤによる配線は形状が安定しているとは限らないため、配線のみで大きい値を安定的に確保することは難しいと思います。そこで、この配線の自己インダクタンスを増加させるためには追加部品が必要となります。ここではその代表的な素子について概要を述べます。

## （1）フェライトコア

図3-39は、信号配線の自己インダクタンスを増加させる目的で**フェライトコア**を装着した場合に、配線の作る磁束の様子を示しています。

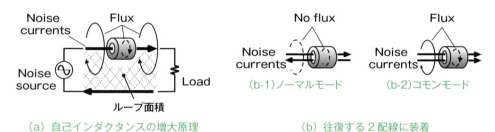

（a）自己インダクタンスの増大原理　　　　　　（b）往復する2配線に装着

**図3-39** フェライトコアの装着による配線の作る磁界の増大原理（作成：筆者）

配線に**比透磁率**の大きい素子を装着すると、配線の作る磁界による**磁束密度**が部分的に極めて大きくなります。これにより、配線の自己インダクタンスが増大します。**図3-39(a)**に示すように、磁束密度が大きくなる部分はフェライトコア内部に限定され、往復配線のループ面積全てにわたって比透磁率が増大するわけではありません。そのため、その装着によるノイズ抑制効果は（フェライトコアの性能にもよりますが）3～4dB程度の一定値に落ち着きます。

一般に、直線的な長い配線に装着する場合には、往復配線の作るループ面積は極端に大きなものになっています。ループ面積が大きくなるほど配線全体のインダクタンスの増加の度合いは緩慢になり、一定値に収束します。従って、フェライトコアの装着によるノイズ抑制効果は一定の大きさとなります。

**図3-39 (b)**は、往復する信号配線束にフェライトコアを装着した場合を示しています。**図3-39 (b-1)**に示すように、ノーマルモードの電流では往復電流の作る磁界が打ち消し合うので、フェライトコアは無関係になります。しかし、**図3-39 (b-2)**に示すような他に共通グラウンドを持つコモンモードの電流に対しては、その作る磁界による磁束密度はフェライトコアによって強化されるため、2配線合計の自己インダクタンスは増加します。つまり、フェライトコアをこのように装着するとノーマルモードの電流には影響を与えず、コモンモード電流のみを抑制することができます。

## （2）インダクター

**図3-40**は巻線型の**インダクター**の例を示しています。

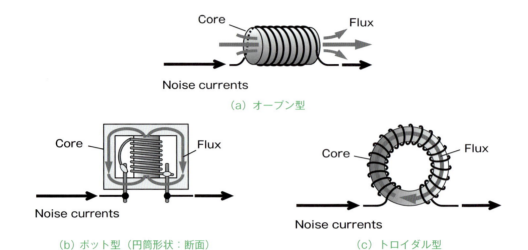

**図3-40** 巻線型インダクターの例（作成：筆者）

　この場合は、素子自身がコイルを形成しています。従って、それ自体の自己インダクタンスが確定していることになり、コア材に比透磁率の大きい材料を使用していれば、周りの配線環境には関係せずに、この素子を装着した配線の自己インダクタンスを増大させることができます。

　**図3-40(a)** のオープン型の場合は、コイルの軸方向に強い磁束ができるので、実装時には他の回路や配線に影響を与えないように配慮する必要があります。加えて、高透磁率のコアはそれ自体が周波数特性を持つので、高周波まで考慮する必要がある場合には空芯コイル状にするほうがよいともいえます。

　**図3-40(b)** のポット型と**図3-40(c)** のトロイダル型のように、コアが閉磁路を形成している場合には、原理的には磁束の漏れが抑えられています。しかし、完全ではないので、実装時には近傍に電磁誘導の影響を受けにくくするような配慮が必要です。

　なお、**図3-40(a)〜(c)** に共通していえることがあります。それは、直流電流が重畳する場合には、コアの磁気飽和を考慮しなければならないということです。

## （3）コモンモードチョーク

　スイッチング電源回路やインバーター回路などのスイッチングノイズが、コモンモードの形で入力側に漏れ出るのを抑制する目的で、**コモンモードチョーク**が広く採用されています。**図3-41**はコモンモードチョークによるノイズの抑制原理を示しています。

　これは、この図に示すように高透磁率のコアに2組のコイルが互いに逆向きに、それぞ

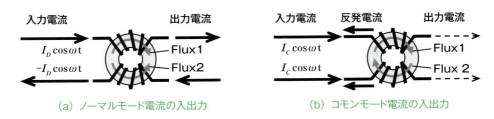

**図 3-41** コモンモードチョークによるノイズの抑制原理（作成：筆者）

れ同じ回数だけ巻いてあります。そのため、このコモンモードチョークに普通のノーマルモードの往復電流が流れても、コアの中にできる磁界は打ち消し合って存在しません。従って、これはインダクターにはなりません。ただし、同相であるコモンモード電流がコア中に作る磁界は同じ向きになります。そのため、互いに加算され、大きなインダクタンス値を示します。

なお、コモンモードチョークは高透磁率のコアを使用している関係上、基本波の繰り返し周波数が数k～数十kHz程度のPWM（Pulse Width Modulation：パルス幅変調）信号が発生する1～100MHz程度以下の高調波に対する抑制効果はあります。しかし、その効果は数M～数十MHz程度がピークになる場合が多いといえます。それ以上の周波数の高調波に対しては、単独で大きな効果は期待できなくなります。従って、その場合には小容量のY-コンデンサーなどを併用したローパスフィルターの構成にするのが望ましいと思います。なお、これに関連した事柄は第8章でも述べています。

# 第 4 章

## 電磁シールド

# CHAPTER 4 電磁シールド

　ノイズの放射を抑制する目的で、ノイズ源となる素子や回路、または回路基板全体を金属板で覆うことが必要になるケースが発生します。しかし、実は金属筐体による電磁遮蔽の効果は大きいものの、必ずしも良いことずくめであるとは限りません。第4章ではその電磁遮蔽の原理から効果とその弊害までを考察します。

## 4.1　電磁シールドの原理

### 4.1.1　金属材による電磁遮蔽の原理

　図4-1は空間を伝播してきた電磁波(平面波)が金属板によって遮蔽されている様子を表しています。

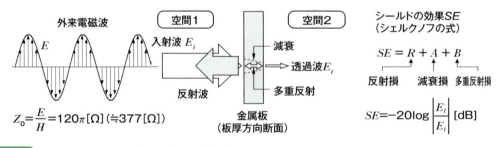

図4-1　金属板の電磁遮蔽効果（作成：筆者）

　その遮蔽原理は以下の(1)～(3)です。
(1) 電磁波が伝播する空間のインピーダンス $Z_0$ は電界 $E$ を磁界 $H$ で除した値であり、その大きさは $Z_0 \cong 377\,\Omega$ です。往復配線はないものの、いわば特性インピーダンスが377Ωの伝送線路を伝送してくるようなものです。これが金属板表面に達すると、金属表面は非常に低抵抗なので、この電磁波がショートされるのに近い状態となります。そのため、大半が

112　EMC設計

反射します。これが**反射損**です。

(2) わずかに金属内部に侵入した電磁波は、内部の原子にぶつかって減衰します。これが**減衰損**です。

(3) 電磁波は金属板の表裏2つの境界面間で多重反射し、(2)と同様に減衰します。これが**多重反射損**です。

　これら(1)〜(3)の合計が、**図4-1**のシェルクノフの式で示される**シールド効果SE**です。計測においては「空間2」で計測される電界$E_t$を、「空間1」の電界$E_i$で除した大きさになります。
　また、反射損においては抵抗率の低い素材が有利です。100MHzにおける反射損は鋼(Fe)板では60dB程度であり、アルミニウム(Al)合金板で86dB程度といわれており、電磁遮蔽能力の大半は(1)の反射による要因であるといえます[11]。
　とはいえ、金属内に侵入した電磁波は、それがわずかな大きさであっても空間2へ侵入すると、そこにある小信号回路などが影響を受け得ます。従って、金属板の板厚がどのくらいあればよいかを知っておく必要があります。

### 4.1.2　金属の表皮効果

　続いて、金属板の板厚と電磁遮蔽性能について考えてみたいと思います。
　信号は高周波になるほど金属の表面近くにしか流れなくなるという性質があり、これを**表皮効果**といいます。その表皮深さは、電磁波が金属内に侵入したときに、その電界の振幅が、侵入直前の大きさから1/e（約0.368倍）の大きさまで低減する深さです。なお、このeは**ネイピア数**であり、大きさはe=2.71828……となっています。
　**図4-2**は金属の表皮深さと、3種類の金属材料の表皮深さの目安を示しています。表皮深さ$d$は、浅いほど薄い材料での電磁遮蔽効果を期待できます。**図4-2(a)**の式が示すように、導体の抵抗率の平方根に比例し、周波数と透磁率の平方根に逆比例して**図4-2 (b)**のように変化します。
　強磁性体であるFeは、非磁性体であるAlや銅(Cu)と比べて低い周波数では2桁以上小さい値になります。そのため、そこでの電磁遮蔽性能は表皮深さという意味では他の導体よりも有利であるといえます。なお、Feは周波数が高くなると次第に磁性体である特徴を失っていき、最終的には非磁性体と変わらなくなってしまいます[1]。また、**図4-2(c)**を見るとCu材の表皮深さは1kHzでも2.1mmしかなく、意外に身近な低い周波数でもこのように浅いということが分かります。

113

$$d = \sqrt{\frac{2\rho}{\omega\mu}} \text{ [m]}$$

$$\left\{\begin{array}{l}\rho=導体の電気抵抗 \\ \omega=電流の角周波数　（=2\pi f） \\ \mu=導体の透磁率\end{array}\right\}$$

(a) 金属の表皮深さ

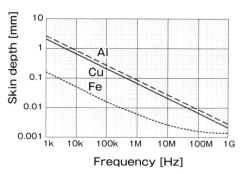

(b) 各種金属材料の表皮深さの概略目安

| Frequency | Skin depth $d$ |
|---|---|
| 1GHz | 2.1μm |
| 10MHz | 21μm |
| 100kHz | 0.21mm |
| 1kHz | 2.1mm |

(c) Cuの表皮深さの目安

**図4-2** 各種金属材料の表皮深さとCu材における目安〔作成：筆者。(b) のFeの特性のみ「電磁妨害波の基本と対策」（電子情報通信学会編）から引用〕

次に示す**図4-3**は、非磁性体金属板の板厚を変化させた場合における電磁遮蔽の変化を可視化観測した結果を示しています。対象とした回路基板（以下、基板やPCBとも表現）は市販されているAC-DCコンバーターです。回路基板上面から5mm（一定）の高さに近傍磁界プローブを設置。回路基板と同プローブの間に、板厚の異なるCu板を、表面を絶縁した状態で挿入してノイズ分布を可視化しました。

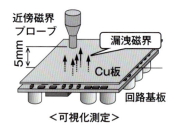

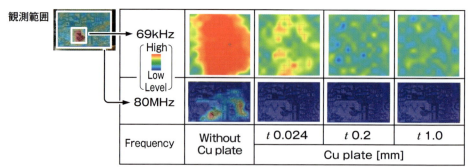

**図4-3** 各種金属材料の表皮深さとCu材における目安（作成：筆者）

**図4-3**から以下のことがいえます。

(1) スイッチングの基本波である69kHzの信号は、Cu板がない場合には当該回路の範囲で観測されます。間に挿入するCu板の板厚 $t$ が増すと遮蔽されていくことが分かりますが、$t$ ＝0.2mmから1mmにかけての変化は小さいことが見て取れます。

　ちなみに、69kHzの表皮深さ $d$ は約0.27mmです。

(2) 80MHzで観測すると、スイッチングの高調波や制御系のノイズなどが回路基板に拡散していることが確認できます。Cu板を挿入すると、その板厚にかかわらず、ノイズが全て遮蔽されていることが見て取れます。

　ちなみに、Cu板の80MHzにおける表皮深さ $d$ は約0.0074mm程度であり、ここでの確認に用いたCu板の板厚は、全て表皮深さよりもはるかに厚くなっています。

　もちろん、可視化装置の検出限界はありますが、この結果を見ると、非磁性体金属板の板厚は表皮深さ程度以上あれば、一定の電磁遮蔽性能が得られることが推察されます。

## 4.2　放射の抑制と伝導入出力ノイズの両立化

　筐体を金属化することにより、内部回路で発生するノイズの外部への放射は大きく抑制されます。しかし、そのシールド効果は金属表面における反射によるところが大きいと思います。従って逆に、金属筐体化することにより、筐体内部では発生ノイズの反射によってノイズの内部拡散を大きくしてしまい、**伝導出力ノイズ**が筐体を金属化する前よりも大きくなってしまう可能性があります。

　**図4-4**はそのことを示しています。以下ではこの点について考察していきます。なお、これについては電磁妨害(EMI)と電磁感受性(EMS)とで全く同じことがいえます。

### 4.2.1　電磁シールドが伝導入出力電流に及ぼす影響

　**図4-4**は樹脂筐体に装着された電子機器を、単に**金属筐体化**した様子を表しています。この場合、金属筐体化したことにより、電位の定まらない金属が回路基板のすぐ近くに出現することになります。このような状態が回路基板でのノイズ拡散につながる**配線間クロストーク**に及ぼす影響を調べる目的のモデルが**図4-5**に示す実験モデルです。

　**図4-5**を見ると、回路基板上の2配線間の上空にシャーシまたは筐体天板を想定したフローティング状態のCu板が3mmまで近づいてくると、配線間クロストークはもともとの回路基板のみの場合の値に対して10.4dB（約3.3倍に）増加していることが見て取れます。ノイズ源ではない他配線からの流出雑音電流が3.3倍になるわけです。距離を離しても復帰へ向けての変化は緩慢です。

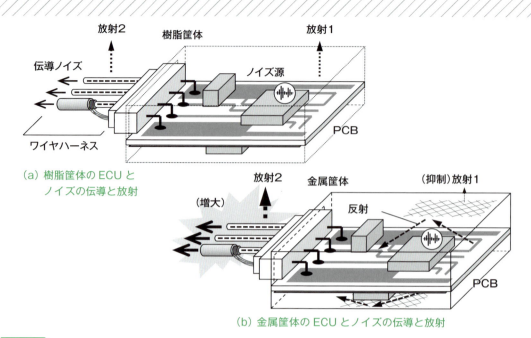

(a) 樹脂筐体のECUと
　　ノイズの伝導と放射

(b) 金属筐体のECUとノイズの伝導と放射

図4-4 ▶ 樹脂筐体を金属化した場合のエミッションの変化（作成：筆者）

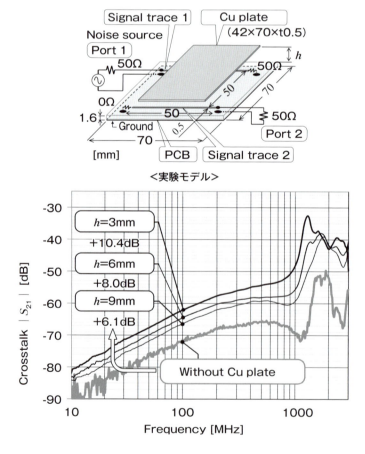

図4-5 ▶ 配線間クロストークのCu板グラウンド接続依存性（作成：筆者）

このことは、筐体内部で回路グラウンドをフローティング状態にすることが、伝導ノイズの流出に対して不利であることを意味しています。ここでは回路基板全体を金属筐体化したように描いていますが、回路基板内でノイズの多い回路を部分的に覆う**シールドケース**についても全く同じことがいえます。

上記の流出ノイズを抑制するために電磁波抑制シートがよく使用されますが、これは後節で検討するので、ここでは回路基板グラウンドと金属筐体の接続について考えてみることにします。

### 4.2.2 回路グラウンドのシールド筐体への接続が伝導流入出電流に及ぼす影響

**図4-6**は前項の実験モデルにおいて、Cu板と回路グラウンドの電気的接続を変えた場合に**伝導流出ノイズ**に及ぼす影響を確認したモデルです。回路基板（PCB）−Cu板間のスペースはアクリル板によるスペーサーを用いて3mm（一定）とし、両者の接続は回路基板の銅箔

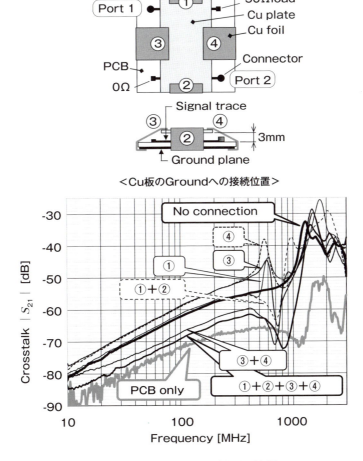

**図4-6** 配線間クロストークのCu板グラウンド接続依存性（作成：筆者）

と同じ板厚である35$\mu$mで、導電性接着剤が付いた銅箔テープを使用しています。

　この図の伝導流出ノイズの確認結果を見ると、以下の特徴的なことがいえます(主に共振点よりも低い周波数での比較)。

(1)Cu板に電界結合したノイズを即座にノイズ源に帰還させる意図で、③のみを接続すると、流出ノイズはむしろ3dB増大してしまいます(流出点の保護目的である④のみでも同じ)。また、並走する2配線の外側に当たる①のみの接続の場合には、ほとんど関係がありません。

(2)前記で1点のみの接続では効果が得られなかったため、③と④を同時に接続すると、流出ノイズはフローティング状態よりも5dB程度抑制される結果になっています。しかし、①と②を同時に接続してもフローティング状態と変わりません。

　この理由は、③と④を同時に接続すると、Cu板と回路基板グラウンドとで**1ターンコイル**を形成することになるからです。これにより、信号配線が負荷とグラウンドによって形成する1ターンコイルとコイル面を共有することになります。従って、筐体が内部の磁界を弱める働きをする**ショートリング**として働き、2配線間の**電磁誘導結合**を低減させていると考えられます。

　①と②の同時接続による筐体の成すコイルは、信号配線とはコイル面を共有していないので、無関係であると考えられます。ショートリングについては第6章で詳細に説明します。

(3)①〜④の全てを接続したものが、フローティング状態と比べて7dB程度抑制され、最も良い結果になっています。前記のショートリング効果に加えて、電界結合成分のノイズ帰還にも貢献しているためだと考えられます。

　これらはいろいろなことを示唆していますが、特に②の特徴は重要です。部分シールドのグラウンド接続や、シールド筐体の蓋の止めねじなどにおいて、クロストーク関係にある配線群の長手方向と直角方向にある2端面のグラウンディングが重要であることを教えてくれています。

　ここでは、上面にコネクターを持つ構造の回路基板で実験を行ったため、少々中途半端なサイズのCu板になってしまいました。次項では密閉型のケース状になったシールド筐体を用います。これにより、筐体の大きさと回路グラウンドへの接続の有無について、何が適当であるかを考えてみたいと思います。

## 4.2.3　シールド筐体の形状が伝導流入出電流に及ぼす影響

　**図4-7**は、回路基板上に装着した5面密閉型のシールド筐体が、基板配線パターン間の

クロストークに及ぼす影響を確認するためのモデルです。

　回路基板は、2本のマイクロストリップ線路を持つFR-4基材の2層基板（PCB）です。線路の特性インピーダンス$Z_0$は2本とも50Ωです。コネクターはSMA型を裏面に装着しており、ネットワークアナライザーに接続する以外の端子は50Ωの負荷を装着しています。回路基板の表面と裏面のグラウンドは、この図に示すように多数のビアで電気的に接続されています。その他の寸法諸元はこの図に示す通りです。

　シールド筐体は、板厚$t$が1.0mmの真鍮材による5面シールドケースです。回路基板へのフローティング装着時は、絶縁体である両面テープで回路基板に固定します。一方、グラウンド接続時は導電性接着剤が付いた厚さ35μmの銅箔テープにより、筐体全周にわたって回路基板グラウンドとの間に隙間のないように貼り付けて固定しています。

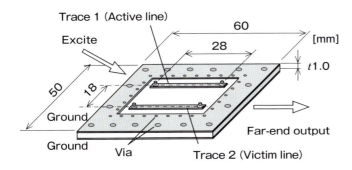

(a) 評価用基板

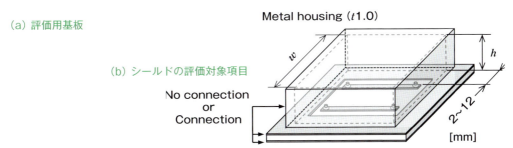

(b) シールドの評価対象項目

**図 4-7** シールド筐体の評価モデル［mm］（作成：筆者）

　**図4-7**の実験モデルにおいて、シールド筐体の内寸$w$と高さ$h$の2つを変化させたものについて、それぞれ筐体がフローティング状態のものと完全に回路グラウンドに接続させた状態の配線間クロストークの比較を行ったのが**図4-8**です。これを見ると以下のことがいえます。

(1) フローティング状態のものは、シールド筐体の幅方向の内寸$w$の大小にかかわらず、高さ$h$が低いものほど、シールドのない回路基板単体の状態よりも配線間クロストークを増大させてしまっています。

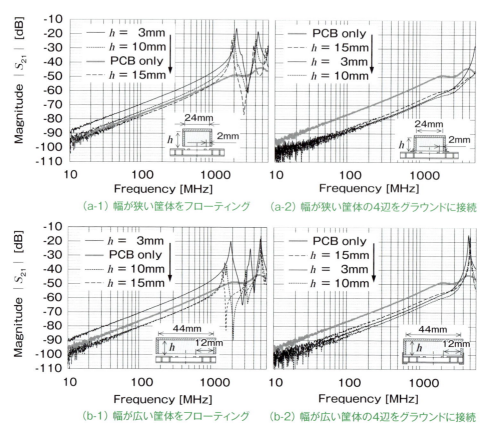

**図 4-8** シールド筐体の形状と装着方法が伝導流入出電流（遠端側）に及ぼす影響（作成：筆者）

    $h$ が大きいものは、筐体の側壁面積が大きいため、側壁－回路グラウンド間の電界結合も大きくなります。従って、ここが**誘起ノイズ**の並列のバイパス路として入り、他配線に電界結合してからノイズ源に帰還する成分が低減します。そのため、フローティング状態であっても、配線間クロストークをいくらか抑制する場合もあります。

    なお、筐体をフローティング状態にすると、高い周波数での**共振**と**反共振**が発生しやすくなります。そのため、この近辺の周波数成分のノイズがあると、非常に放射しやすくなります。ここでは反共振という言葉を使用しました。これは一般に、並列共振のようにインピーダンスや電圧が最大であるピークの状態を表現しています。

    (2) 4辺を回路グラウンドに接続したものは、筐体の幅 $w$ と高さ $h$ をどのように変えても回路基板単体の場合と比べて配線間クロストークを抑制させています。また、反共振は筐体のサイズに伴うもののみです（約5GHzと6GHz）。

## シールド筐体による共振の考察

シールド筐体を使用すると、予期せぬ共振に悩まされる場合が少なくありません。そこで、シールド筐体のグラウンドへの接続の違いやサイズに伴う共振について考察してみることにしましょう。

共振によってクロストークの大きさがピークになる周波数（現象は反共振）は、範囲が狭いピーキーな場合が多いといえます。そのため、ちょうどその辺りの周波数に合致するノイズ成分があると、回路基板外への大きなレベルの伝導／放射に至るであろうことが、先の**図4-8**を見れば想像できると思います。

**図4-9**は、シールド筐体が配線間クロストークにおける共振に及ぼす影響を調べたものです。回路基板のみの場合と、シールド筐体を回路基板グラウンドに接続した場合としない場合とについて、クロストークによる伝導流入出電流の共振の状態を比較しやすいように**図4-8**を整理し直したものです。

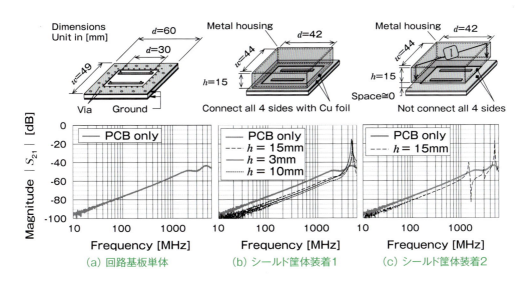

(a) 回路基板単体　(b) シールド筐体装着1　(c) シールド筐体装着2

**図4-9** シールド筐体のPCBグラウンドへの接続状態と配線間クロストークにおける共振（作成：筆者）

これらの共振について、この図に沿って以下で考えてみることにします。

### （1）回路基板単体における共振

**図4-9(a)** の測定結果を見ると、約2GHzと5GHz弱のところで緩やかな極大値が見られます。そこで、この共振の原因を以下の計算で確認してみます。

・回路基板グラウンドの導体としての最大寸法は対角線方向なので、これが$\lambda/2$共振する周波数を(4.1)式で算出してみます。

$$f = \frac{1}{2} \cdot \frac{c}{\sqrt{w^2+d^2}} \ [\text{Hz}] \qquad (4.1)$$

ここに**図4-9 (a)**の中の寸法$w$ (49mm)と$d$ (60mmm)および光速度$c$ ($3 \times 108$m/sec)を入れて計算すると、$f \cong 1.94$GHzが得られます。これは、測定結果に見られる低い方の共振周波数である2GHzとほぼ一致しています。

・$l=30$mmである信号配線の長さを$\lambda/2$とする周波数は、光速度$c$を$l$で除してその$1/2$とすると、$f \cong 5$GHzが得られます。これは、測定結果に見られる5GHz弱の共振周波数に近い値です。

上記のように、グラウンドと信号配線がそれぞれ$\lambda/2$共振することによって、測定結果で2つの反共振として表れたと考えられます。

また、$\lambda/2$で計算した理由は、まずグラウンドの場合には、自由空間中で両端面が解放になっているから。加えて、信号配線の場合には、両端部が50Ωで終端されており、どちらも導体として電気的に対称であるからです。

なお、共振が鋭くないのは、どちらの場合も損失のある誘電体が導体に接していることにより、共振の$Q$値が低くなっているからだと思います。

## （2）シールド筐体の4辺が回路基板グラウンドに接続されている場合の共振

この場合は、シールド筐体がほぼ完全な6面シールドの密閉空間になっています。そのため、共振周波数の算出には第1章の(1.1)式を用います。

**図4-9(b)**の測定結果を見ると、周波数4.98GHzの鋭い共振峰による反共振が見られます。しかし、この周波数はシールドの高さ方向の寸法である$h$が変化しても変わっていません。これはこの系においては$h$方向に電界成分が振動しているためです。従って、共振周波数を決定している要素は$w$方向の寸法と$d$方向の寸法の2つであると考えて差し支えないと思います。そこで、(1.1)式から$H$項を除いた(4.2)式で計算を行います。

$$f = 150 \cdot \sqrt{\left(\frac{i}{W}\right)^2 + \left(\frac{j}{D}\right)^2} \ [\text{MHz}] \qquad (4.2)$$

この$W$と$D$に、**図4-9(b)**の中の寸法である$w=0.044$[m]と$d=0.042$[m]を入れ、振動モードは$i=j=1$の基本モードとして共振周波数を算出すると、共振周波数$f \cong 4.9$GHzが得られます。測定結果は4.98GHzであり、近い値が算出されています。つまり、こうした場合には、シールド筐体における回路基板と平行方向の寸法が、共振の最低周波数を決定しているのです。

この共振は原理的に避けられませんが、筐体高さ$h$を小さくして天板内側へ電磁波吸収シートを貼付することにより、かなり抑制できます。

## （3）シールド筐体が回路基板グラウンドにフローティング装着の場合の共振

　**図4-9（c）**の測定結果を見ると、1.46GHzで反共振し、1.63GHzで共振しています。これらのペアとその高調波、そして（2）と同じ4.98GHzの反共振が見られ、いずれも鋭い共振峰を示しています。

　（2）と同じ反共振は、このシールド筐体が回路基板グラウンドに対して直流的にはフローティング状態ではあるものの、筐体側壁と回路基板グラウンドとの間の寄生容量により、高周波領域においては、ある意味（中途半端ではあるが）密閉空間に近い状態であるともみなせます。そのため、筐体の4辺が回路基板グラウンドに接続されている場合と全く同じ周波数の反共振として現れています。

　ただし、完全な密閉空間ではないので、（2）の場合よりもかなり低い周波数での共振が現れています。この概略周波数を、以下の（4.3）式で算出してみます。

$$f = \frac{1}{2} \cdot \frac{c}{\sqrt{(w)^2+(d)^2}+2h} \, [\text{Hz}] \qquad (4.3)$$

　（4.3）式の分母は筐体の導体としての最大寸法であり、**図4-9（c）**の中の寸法$l=0.015\,[\text{m}]$を表しています。また、シールド筐体はフローティング装着であり、筐体周囲はオープンで平等であることから、共振モードは$\lambda/2$となるはずなので、式には係数$1/2$を付けています。

　この式に**図4-9（c）**の中の寸法$w=0.044\,[\text{m}]$、$d=0.042\,[\text{m}]$、$h=0.015\,[\text{m}]$を入れて計算すると、共振周波数として$f \cong 1.65\text{GHz}$が得られます。これは単峰であり、測定値とは違って反共振／共振が近傍にペアになっているわけではありませんが、測定値に近い値が算出できています。少々乱暴ではありますが、この程度の計算でも、ある程度の予測を立てるのには十分であると考えられます。

　なお、この場合にシールド筐体のフローティング装着はまずいと考えて、どこか1点のみを回路基板グラウンドに接続すると、接続部分が電流の腹となる$\lambda/4$共振も入り込んできます。しかし、それでは、ここでの最低共振周波数の$1/2$の反共振が大きく現れるようになるため、より低い周波数のノイズ成分の放射を考慮する必要があります。

　この事例が示すように、共振は（1）〜（3）のケースで大体の予測がつけられます。

　ここでは共振の考察について多くのページを割きました。これはシールド筐体の場合に限らず、このように考えることも必要であるため、考察に追加しました。

　以上をまとめるとこうなります。回路基板内の部分シールドおよび回路基板を包み込む金属筐体のいずれの場合も、シールド筐体の4辺の全てを連続的に回路基板のプレーングラウンドに接続すること。こうすれば回路基板内でのノイズの拡散を抑制でき、ひいては回路基板外部への伝導入出力ノイズを抑制できるといって間違いないと思います。

なお、サイズが小さく高さの低いシールド筐体が有利であるとよくいわれますが、筐体の回路グラウンドへの接続がない場合（または特定のポイントのみを接続した場合）には、かえって流入出雑音電流を増大させてしまう可能性が大といえるので、注意が必要です。設計に当たっては前項の結果も踏まえて判断する必要があります。

## 4.3 電磁波吸収体のノイズ抑制効果

**図4-10**は代表的な**電磁波吸収シート**の例を示しています。

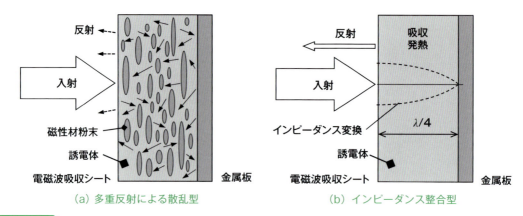

(a) 多重反射による散乱型　　　　　(b) インピーダンス整合型

**図4-10** 電磁波吸収シートの例（作成：筆者）

いずれも基本的には金属板に貼付してセットで使用するもので、その状態の断面を表しています。特徴と働きについては以下のことがいえます。

**図4-10 (a)** は、多重反射による散乱型の電磁波吸収シートです。有機材料などの誘電体に対し、磁性体のフィラーをこの図の方向に配向させ、混ぜ合わせて成形したものです。

この図の向きに侵入してきた電磁波は、このシートがないと金属板の表面でほぼ全反射します。しかし、この電磁波吸収シートを貼付することによって内部で多重反射が起き、その過程で熱エネルギーに変わります。これにより、外に出てくる反射成分を低減させるのが、このシートの遮蔽の原理です。

フィラーが磁性体であるのは外来磁界の負荷になることと、その製造過程で磁界によって配向させることが目的です。このシートの周波数特性は原則的には広帯域ですが、高い周波数の使用には限界があり、1G〜2GHz程度以下での使用が一般的です。なお、このシートは単独使用でも一定の効果はあります。

**図4-10 (b)** は、インピーダンス整合型の電磁波吸収シートです。高誘電率で高損失である誘電体の厚み方向の寸法を$\lambda/4$の電気長とします。すると、特定の周波数に限られますが、ノイズを吸収して誘電体の内部で熱エネルギーに変えます。これにより、外に出て

くる反射成分を低減させるのが、このシートの原理です。

なお、λ/4という電気長は、平面電磁波の空間のインピーダンスと、反射対象となる低抵抗の金属板表面とを整合させる**インピーダンス変換**の役割を果たしています。そのノイズ抑制原理は、電磁波の電界を抑制することにあります。ノイズ反射の抑制効果を発揮する周波数範囲は共振による狭いものであるため、一般的にはETC（有料道路の電子料金授受システム）のゲートにおける漏れ信号の抑制や、レーダーの送受信アンテナの分離などのように、使用周波数が特定されている超高周波のシステムに使用されています。

### 4.3.1　電磁波吸収シートによる配線間クロストークの抑制

前出の多重反射による散乱型の電磁波吸収シートは、電子機器の設計に際して**図4-11**に示すように広く使用されています。

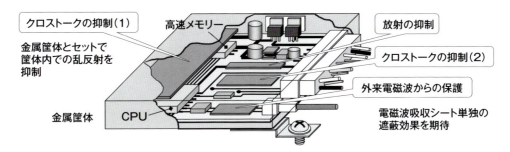

**図4-11**　電磁波吸収シートの使用例（作成：筆者）

電磁波吸収シートは、それ自体に放射に対する抑制効果があります。そのため、この図のように機器内部にノイズをまき散らさない、あるいは他からのノイズの影響を低減させるといった目的で、回路基板の信号配線パターンなどに直接貼付する使用例と、機器の内部でのノイズの反射を抑制する目的で金属筐体の内側に貼付する例が多いと思います。

このうち、特に後者の使用例の場合において、金属筐体のサイズや回路グラウンドへの接地の有無が内部反射抑制効果に及ぼす影響について検証を行います。

### 4.3.2　電磁波吸収シートを貼付するシールド筐体の形状依存性

**図4-12**は内部におけるノイズの乱反射を抑制する目的で、4.2.3のシールド筐体（**図4-7 (b)**）の内側天面に電磁波吸収シートを貼付し、その場合の信号配線間クロストークに及ぼす影響を示しています。

この図を、電磁波吸収シートを貼付していない同一状態のシールド筐体のみの場合である4.2の**図4-8**と比較すると、以下のことがいえます。

(1) **図4-12 (a)** では、電磁波吸収シート貼付前と比べるとシールド天面の高さ $h$ の全ての

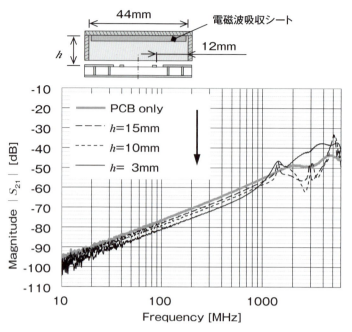
（a）シールド筐体フローティング

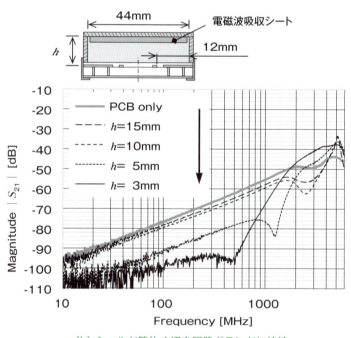
（b）シールド筐体4辺を回路グランドに接続

図4-12 電磁波吸収シートが配線間クロストーク（遠端側）に及ぼす影響（作成：筆者）

状態でクロストークが抑制されています。シールド天面の高さ $h$ が低いものの、抑制効果は比較的大きいといえます。

また、筐体に関わる共振と反共振は、電磁波吸収シートによってかなり抑制されています。

これは電磁波吸収シートの損失分が筐体における共振／反共振の**Q値**を低下させているためです。

(2) **図4-12(b)** では、**図4-12(a)** と同様に電磁波吸収シートの貼付により、筐体サイズに関わる反共振は大きく抑制されています。

配線間クロストークの抑制については、全ての状態で基板単体の状態よりも抑制されています。ただし、この場合には電磁波吸収シート貼付前と比べると、以下の興味ある現象が見られます。

① 1GHz以下の周波数においては、低背であるシールド天面の高さ $h$ が3mmのものの抑制効果が顕著に認められます。

② 高背であるシールド天面の高さ $h$ が10mmと15mmのものは、電磁波吸収シートの貼付によって貼付前よりもクロストークは大きくなり、クロストーク抑制の面においては4辺の全てを回路基板グラウンドに接続したシールド筐体の効果がほぼ失われています。

ここで、これらの①と②について考察を行ったのが**図4-13**です。

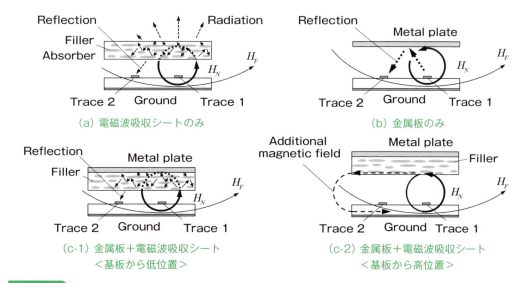

**図4-13** シールド天面の高さの違いが電磁波吸収シートの効果に及ぼす影響（作成：筆者）

この図は平行な2配線を同時に見た状態を示しており、ノイズ源となる信号配線1(Trace 1)の作る磁界と、天板からの反射の様子を描いています。$H_N$ は配線近くの強い磁界を、$H_F$ は配線から遠く弱い磁界をそれぞれ表しています。回路基板単体における配線間クロストークは、信号配線2(Trace 2)－負荷－グラウンドの作るループコイルを、信号配線1が作る磁界 $H_F$ が鎖交することにより、電磁誘導結合して信号配線2に電流が生じることによって発生します。

図4-13(a)では、回路基板の上空に電磁波吸収シートがあるため、信号配線1に近い強い磁界$H_N$は吸収シート内部で乱反射し、一部は熱エネルギーに変換されます。残りの一部は吸収シートを通り越して放射し、さらに残りの低減した成分が内部に反射して信号配線2へのクロストーク追加要因になります。

図4-13(b)では、信号配線1に近い強い磁界$H_N$は回路基板の上空に金属筐体天板があるため、ほとんど通り抜けずに外部への放射は抑制されます。しかし、大部分が回路基板に向けて反射するため、その反射成分が信号配線2の系に追加鎖交し、回路基板単体の場合よりも配線間クロストークが大きく増大する要因になります。

図4-13(c-1)では、電磁波吸収シートがあるため、強い磁界$H_N$は吸収シートの法線方向侵入成分が内部で乱反射し、エネルギーが低減します。そのため、回路基板へ向かう反射成分は低減します。従って、金属天板のみの場合と比べて信号配線2へのクロストーク成分は大幅に抑制されることになります。

図4-13(c-2)は一見、図4-13(c-1)と同様となりそうに思えます。しかし、この場合は図4-13(c-1)とは異なり、電磁波吸収シート内で配向された磁性体フィラーの長手方向が、強い磁界$H_N$の接線成分の方向と一致しています。いわば一瞬、ミニチュアの棒磁石が直列につながったような状態になるため、強い磁界$H_N$の横方向への拡散範囲が広がった状態になります。そのため、これまで届かなかった$H_N$が、信号配線2に届くようになってしまうことが分かります。これが、金属筐体の天面が回路基板から遠くなると電磁波抑制シートの貼付によってむしろ配線間クロストークを増大させる要因であると考えられます。

実際にこうなることを確認したのが図4-14です。

この図は、配線間に**電磁波吸収体**を装着したときの近傍磁界を可視化観測したものです。回路基板上の2配線間に電磁波吸収シートを貼付する前後の状態で、信号配線1を励振したときの近傍磁界分布を可視化した結果を示しています。

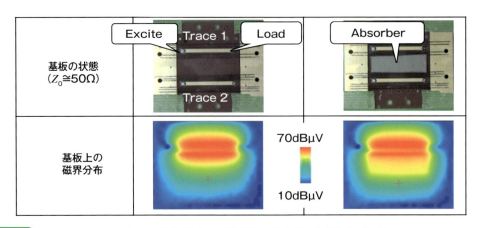

図4-14　配線間への電磁波吸収体装着時の近傍磁界可視化観測（作成：筆者）

これを見ると、2配線間を隔離する目的で電磁波吸収シートをこのように貼付すると、むしろ磁界の分布が拡散していることが分かります。

　このように電磁波吸収シートを用いる場合、シールド筐体のサイズも含めて内部の磁性体フィラーの配向方向に注意しながら貼付しないと、逆効果になる場合があるので注意が必要です。

　これまでのことを踏まえた上で、あらためて先の**図4-11**における電磁波吸収シートの使用例を考察すると、以下の(1)～(4)がいえます。

(1)クロストークの抑制1

(a)シールド筐体4辺とも回路グラウンドに接続されている場合

・これを添付するシールド筐体の天板が低いときには有効です。

・添付するシールド筐体が高いときには逆効果になる可能性が大きいといえます。

・筐体の反共振は天板の高さにかかわらず大きく抑制されます。

(b)シールド筐体の回路グラウンドへの接続が不完全な場合

・シールド筐体装着による弊害は除かれ、回路基板単体の状態に近づきます。

・筐体の反共振は天板の高さにかかわらず大きく抑制されます。

(2)クロストークの抑制2(信号配線間に添付)

　そのまま貼付すると、配線間クロストークが増大するので有害です。

(3)放射の抑制(ノイズを放射する配線上に添付)

　放射を抑制するので有効です。

(4)外来電磁波からの保護(外来ノイズに敏感な配線上に添付)

　添付した配線は外来放射ノイズを弱めてくれるので有効です。

第 **5** 章

# 回路基板の金属筐体への装着

# CHAPTER 5

# 回路基板の金属筐体への装着

　回路基板を電子機器として製品化するのに当たり、単に金属筐体内に装着しても、必ずしも電磁両立性（EMC）性能に優れた電子機器が出来上がるとは限りません。ここでは、よくある事例を題材にして考えてみましょう。

## 5.1　基板グラウンドの金属筐体への電気的接続

　第3章で検討した回路基板を、そのままユーザーの手に触れる状態にすることはできません。何らかの形で筐体の中に装着して製品化しなければなりませんが、周りの電磁環境に影響されにくいものにする必要があります。

　特に、自動車の内部や産業機器の制御機などのように、製品周りや回路基板周りに大きな金属板があったり、おびただしい数のワイヤハーネスが走り回っていたりする環境では、回路基板は寄生容量による電界結合や電磁誘導結合などによって影響されやすい環境にさらされることになります。従って、それらに耐えるために回路基板を金属筐体内に装着して製品化しなければなりません。

　ここではEMCにおける問題を発生し難くする目的で、個別回路を隔離するためのシールドケースの設置や金属筐体内へ装着するのに当たって、回路基板のグラウンドと金属筐体の電気的な接続について考えることとします。

### 5.1.1　回路基板の金属筐体への装着事例と課題

　回路基板を金属筐体内に装着する場合、静電気から内部回路を守る目的で、筐体を車体やグラウンドプレーンなどに接続する目的のフレームグラウンドパターン（以下、FGパターンとも称する）を設け、回路グラウンドを金属筐体からフローティング状態とする設計がよく採用されています。これを図5-1に示します。

　図5-1は、前記のように構成された電子制御ユニット（ECU）の金属筐体に静電気を接触

132　EMC設計

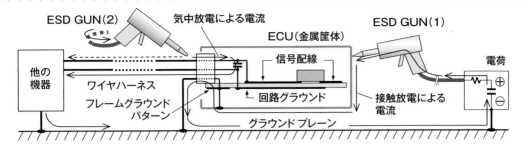

**図5-1** フレームグラウンド（FG）を持つ電子機器と静電気接触放電による電流の流れ（作成：筆者）

放電させている状態を示しています〔図中のESD GUN (1)による電流〕。この場合、静電気による電荷をできる限り回路基板に侵入させない目的で、回路基板グラウンドを金属筐体にダイレクトに電気的接続をさせずに、FGパターンからグラウンドプレーンを経由して試験設備に電荷を帰還させる設計を行う場合がよくあります。このFGパターンは米国規格で推奨されていることもあり、広く採用されています。

また、ECUに接続されているワイヤハーネスへESD GUN (2)による気中放電をしても、一般に最も近い1本の導線が主たる放電経路となりやすい傾向があります。そのため、放電する電荷はノーマルモードの電流となり、ECUの入口にデカップリング用のキャパシターがある場合には、それがバイパスとなってグラウンド側の配線に抜けていくと考えられます。従って、あまり問題にならないかもしれません。

このような構成のECUは、静電気照射に対しては良いように思われます。では、EMCの観点で見た場合、こうした構成のECUに外部ワイヤハーネスから雑音電流が流れ込んできたときには、どのような影響を受けるでしょうか。この影響について次項で実験検証を行って考えてみたいと思います。

### 5.1.2　基板の金属筐体への装着における実機想定モデルと実験モデル

**図5-2**に、前項のモデルにおける回路グラウンドの金属筐体への電気的接続の要否について、確認するための実験モデルを表しました。**図5-2 (a)**は、実機の具体的な構成を意図した状態を示しています。一般にこのような構成のECUは非常に多く見られ、回路グラウンドは金属筐体からは基本的にフローティングの構造になっています。図では外部ワイヤハーネスからECUに侵入した外来雑音電流が、回路基板内で拡散することによって内部回路にダメージを与える様子を表しています。また、この逆もあり得えます。内部で発生したノイズが回路基板内部で拡散することにより、外部に流出するのです。これらは等価であるといえます。

この回路グラウンドの金属筐体への接続は、EMC測定の結果を見ながら筐体に接続されているFGパターンに接続するかしないかの選択をする構造です。その接続方法も、直

接的な接続であったり、直流的にフローティングして高周波的には接地しようという目的のキャパシターによる接続であったり、状況によって選択できるような構造となっています。

また、FGパターンが図に示すように細長い形状のものが多い理由は、前記のESD GUN(1)による静電気が回路グラウンドに到達し難くなることを期待するからだと考えられます。このFGパターンの筐体接続側と反対側のオープン端に回路グラウンドを接続すると、細長いFGパターンのインダクタンスが金属筐体との間に直列に入ることになるためです。加えて、静電気試験の結果を見ながら回路グラウンドへ接続する場所を変えられるように、こうした細長いパターンにしていると考えられます。

**図5-2(b)**は**図5-2(a)**を模擬した実験モデルを表しています。

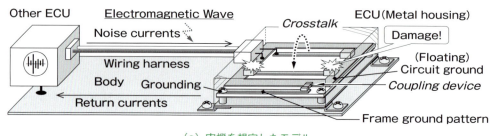

(a) 実機を想定したモデル

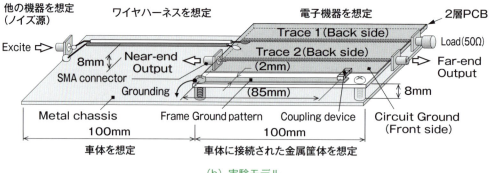

(b) 実験モデル

**図5-2** FGパターンを持つ電子機器の実機モデルと実験モデル（作成：筆者）

この実験モデルの詳細については、狙いも含めて以下の(1)～(4)に記します。

(1) 基板は2層構造のFR-4基板であり、一方の面がプレーン状のグラウンド（いわゆる**ベタグラウンド**）です。もう一方の面に平行関係にある2組の信号配線であるTrace 1とTrace 2を持っています。

配線はそれぞれ特性インピーダンス $Z_0 = 50\,\Omega$ のマイクロストリップ線路であり、端部のSMAコネクターを通して計測器のポートや50Ωの負荷抵抗が接続されてインピーダンスは整合しています。図はグラウンド層側にFGパターンを持つ基板を表しています。FGパター

ンを評価対象としない基板の場合には、この面は全面プレーン状のグラウンドとしています。

(2) 金属シャーシは全体で車体を模擬しています。右半分の基板対向面は、車体にねじ止めなども含めてしっかりと電気的に接続された電子機器の金属筐体を想定しているので、シャーシと同じ条件と考えます。

　また、ECUは金属筐体を想定しています。ただし、配線間クロストークとして評価する場合には、側板の影響よりも基板面に対向している天板やシャーシの影響のほうが大きいと考えて、実験の都合により、ここでは側板は省略しています。

(3) 基板を装着する際には、基本的に信号配線層を金属シャーシに対向させています。多層基板の場合には信号配線がシャーシや筐体天板に対向する場合が多いためです。

　天板のない場合を想定した実験を行う場合には、この基板を裏返しに装着します。

(4) 基板のプレーングラウンドを回路グラウンドとし、基板をシャーシへ固定するねじ止め部分として用います。こうしてFGパターンや回路グラウンドの金属筐体への導通を行う構造にし、これらのねじ止めの有無やねじ止め場所を選択することによって、基板のグラウンドとシャーシへの導通状態を変えています。

　また、FGパターンを持つ基板の回路グラウンドは、何らかのカップリングデバイス(Coupling device)とFGパターンを経由してシャーシへ電気的に導通させる構造です。

　このモデルに外部配線を想定したAWG24相当のペア配線(これだけは$Z_0 = 50\,\Omega$ではない)を接続し、ノーマルモード電流を信号配線1(図中のTrace 1)へ流します。このときに、信号配線1から基板の内部回路を模した信号配線2(図中のTrace 2)への配線間クロストークの大きさを測定し、これをもって外来ノイズの基板内部における拡散の大きさを評価します。

　これらの測定結果を**5.1.3～5.1.5**に示します。

## 5.1.3　回路基板グラウンドのフローティング装着

　**図5-3**は、プレーン状の回路グラウンドを金属筐体に電気的に全く接続しないで装着した場合に、外部配線からノーマルモードで伝導流入する雑音電流の基板内他配線へのクロストークの測定結果を示しています。

　図中の①は信号配線側に対向する金属面がない場合の測定結果を示しており、図中の②は基板を裏返して信号配線側の面をシャーシに対向させた場合(筐体天板がある場合を想定)の測定結果を示しています。これらを図中の⓪の基板単体の場合におけるクロストークと

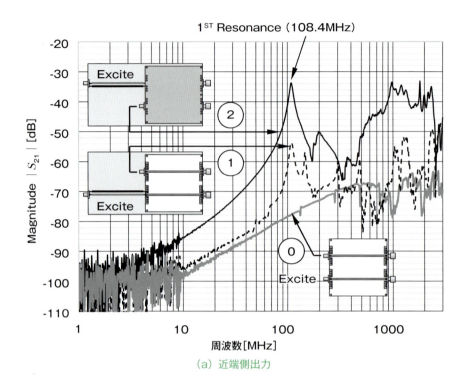

(a) 近端側出力

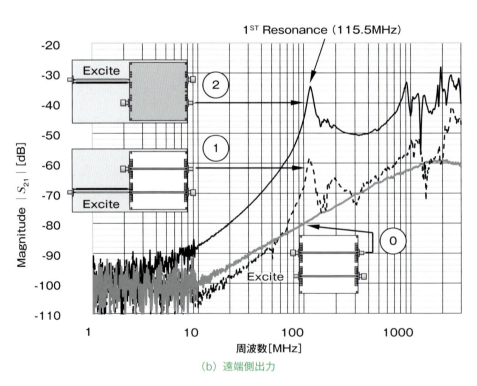

(b) 遠端側出力

図 5-3　回路基板を Floating 装着をした場合の配線間クロストーク（作成：筆者）

比較しています。これにより、次のことがいえます。

・基板を図中の①のように装着した場合は、基板のグラウンドの対面に単に金属シャーシがあるだけです。一見、クロストークに関係がないようにも思えますが、近端側も遠端側も共に高い周波数領域で多くの共振が認められます。特に110MHz前後の低い周波数で大きな共振があることが分かります。

これらの共振の近傍では、基板単体の場合と比べて大幅にクロストークが増大しています。しかし、この共振を除くと、クロストークは基板単体の場合と比べてそれほど増大しているわけではありません。50MHz以下において近端側でいくらか増大し、遠端側では低減傾向なのは、配線間クロストークにおける電界結合成分が金属シャーシによって増加したためと考えられます(この近端出力と遠端出力の関係については**第3章3.2.4**を参照)。

・基板を図中の②のように装着したときのクロストークは、基板単体の場合よりも大幅に増大しており、周波数特性は図中の①と類似の形状を示しています。110MHz前後の共振周波数は、①と比べて20dB程度も増大しています。共振していない低い周波数においても、基板単体の場合と比べて10MHz時に近端側も遠端側も共に12dB前後増大しています。これは①と比べて信号配線−シャーシ間の直接的な反射成分が追加されるためです。

この結果より、①と②の違いは信号面上における空の金属筐体の有無による変化ということになります。特に②の場合には、被クロストーク側である信号配線2に接続されている回路などに外来ノイズのコモンモードの形での侵入が増大することになります。この場合は、デバイス入力部にキャパシターを並列接続してもデカップリング効果が得られず、対策が難しくなります。

なお、この基板とワイヤハーネスから成る系のグラウンドは、ワイヤ入口の励振部でシャーシに1点で接続されているのみであり、往復電流路は配線と基板で確定していて、閉じているように見えます。また、この系には大容量のキャパシターは存在していません。それにもかかわらず、図に示すように110MHz程度の周波数で大きな共振が発生しています。

以下、この共振周波数について少し詳しく考察してみます。

**図5-4**は、信号電流の流れとグラウンドに着目したこの系のインピーダンスを表しています。入力信号はノーマルモードの往復信号です。往路電流は外部配線の往路を経由して基板の信号配線1(図では基板裏面)に流れ、負荷に到達します。電流は、負荷からグラウンドパターンを経由して外部配線のグラウンド線を通して帰還します。その際に、一部の電流は**図5-4 (a)**に示すように寄生容量を経由することにより、グラウンドプレーンに分流して信号源に帰還します。

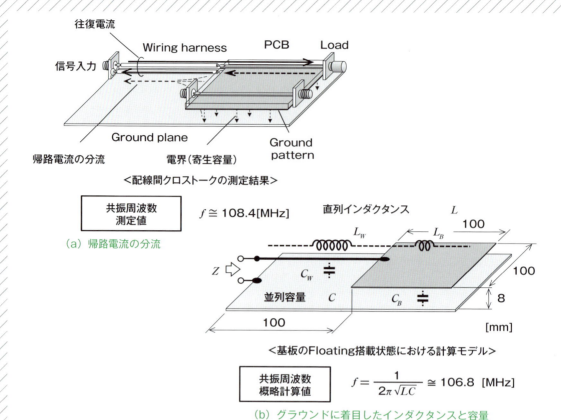

**図 5-4** グラウンド - 金属シャーシ間のインピーダンス（作成：筆者）

　帰路電流の分流に着目し、グラウンド側のみを直列インダクタンスと寄生容量による並列容量として表現したのが**図5-4 (b)**です。この**直列インダクタンス**の総計$L$（$L_W + L_B$）と**並列容量**の総計$C$（$C_W + C_B$）のリアクタンスは位相が180°異なるために、その値が同じ大きさになる周波数$f = 1/(2\pi\sqrt{LC})$で**共振**します。ここでは計算過程の詳細は紙面の都合もあって省略しますが、概略計算で求めた$C \cong 17.5\text{pF}$（端効果も考慮した基板＋ワイヤとグラウンドプレーン間の容量）と、$L \cong 140\text{nH}$（グラウンドプレーン上のワイヤのインダクタンス計算値と基板などはそれを1/4程度にした値の合計）の数値を前式に入れると、$f \cong$ 107MHzという測定結果に近い値が得られます。

　また、信号入力はノーマルモードですが、ワイヤハーネスの往復電流は、帰路電流がグラウンドプレーンに分流して減った分だけアンバランスになり、往復の差分がコモンモードノイズ化します。

　この実験事例では基板の配線側がシャーシ面から8mm離れており、外部ワイヤハーネスが100mmしかなくても、この程度の周波数で共振しています。実際の電子機器では基板-シャーシ間がもっと接近しており、外部ワイヤハーネスがこれよりもはるかに長い場合が多いので、この事例で得られた結果よりももっと低い周波数で共振していると考えられ

ます。

　以上は電磁感受性（EMS）で説明していますが、こうした系は可逆的なので電磁干渉（EMI）でも全く同じことがいえます。そのため、現実の製品では製品入力部の電源回路のスイッチングノイズなどは、容易に大きなレベルで外部配線に流出してしまうのです。

　以上の考察によれば、金属筐体が自動車の車体などにビスなどで電気的にしっかりと接続されている場合に、その内部に装着する回路基板のグラウンドを**フローティング**させることは、基板内部でのノイズを拡散させてしまうので好ましくないといえます。

### 5.1.4　回路基板グラウンドの多点接続

　ここで回路グラウンドを金属シャーシに接続した場合の2例について、その配線間クロストークの大きさをフローティング装着の場合と基板単体の場合とで比較したのが**図5-5**です。基板のシャーシへの装着はいずれも信号配線側の面がシャーシに対向しています（シールド筐体の天板がある場合を想定）。また、基板グラウンドのシャーシへのビスによる電気的接続部分は図中の「●」部分で表現しています。

　この図を見ると以下のことがいえます。

(1) 基板グラウンドの4隅をシャーシに接続したものは、110MHz前後の共振は消えています。さらに、この程度の低い周波数においてはフローティング装着と比べて大幅にクロストークが低減していて、基板単体の場合に近づいていることが分かります。

　ただし、近端側出力では300MHz程度以上、遠端側出力では800MHz程度以上の周波数においては、フローティングの場合とあまり区別がつかない状態になっています。

(2) 基板グラウンドの4隅に加えて、外部配線からの入力部近傍のグラウンドをシャーシに接続した場合のクロストークは上記の(1)よりも大幅に低下します。近端側出力では200MHz以下、遠端側出力では600MHz以下で基板単体の場合よりも抑制される結果になっています。

　(1)も(2)も共に、低い周波数ではフローティング装着のようなグラウンド系のLとCによる共振は発生せず、フローティング装着よりもクロストーク（つまり、基板内でのノイズの拡散）は小さくなることを示しています。

　高い周波数であまり変わらなくなるのは、波長が短くなり、この程度の接続点数では不十分だからです。基板の4辺にシャーシへの接続点数を増やすほど、高い周波数でのクロストークは抑制されていくことは明らかです。ノイズとして考慮しなければならない最高

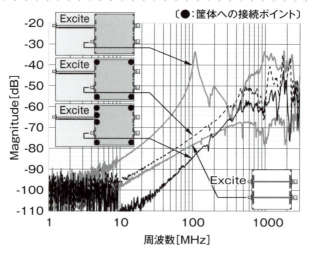

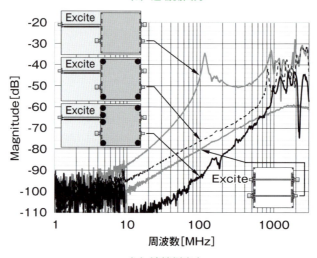

図 5-5 ▶ 回路基板グラウンドを筐体に接続した場合の配線間クロストーク（作成：筆者）

周波数のλ/20以下のピッチで接続すべきだといわれているのは、このためです[12]。

### 5.1.5　回路基板グラウンドのFGパターン経由の接続

ここでは、回路グラウンドを**FGパターン**経由でグラウンドプレーンに接続する場合について考えてみます。

#### 5.1.5.1　直流的にグラウンディングした場合

**図5-6**は、FGパターンを図の左端（図中の●部分）でシャーシに導通させ、FGパターンと回路グラウンドとは0Ωのチップ抵抗によって直流的に導通させた場合の配線間クロストークを測定した結果を示しています。この図を見ると以下のことがいえます。

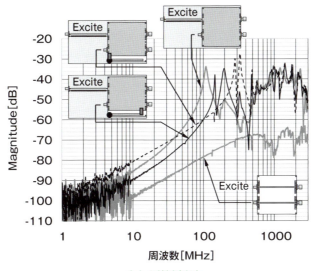

(a) 近端側出力

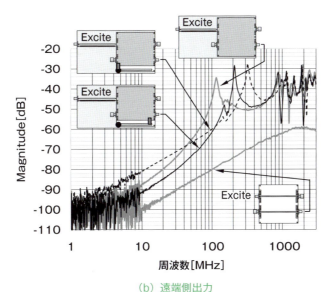

(b) 遠端側出力

**図 5-6** 配線間クロストーク（0Ω抵抗経由でFGパターンに接続）

(1)回路グラウンドをFGパターンの右端部で接続したものは、近端出力も遠端出力も共に、フローティング装着のものと比べて10MHzにおけるクロストークが4dB程度抑制され、110MHz前後の共振周波数が1.5～2倍程度高い周波数へシフトしています。

(2)回路グラウンドをFGパターンの左端部で接続したものは、FGパターンが無関係になり、回路グラウンドを左下部分の1点のみでシャーシに接続したものと同じになります。

この場合、10MHzにおけるクロストークはフローティング装着のものと比べて、近端側も遠端側も共にむしろ5〜6dB程度増大しています。回路グラウンドにおけるおかしな1点接地は有害な場合があるという事例になっています。また、この場合の共振周波数はフローティング装着時の3倍程度まで上昇しています。

### 5.1.5.2　キャパシターを介して交流的にグラウンディングした場合

**図5-7**は回路グラウンドとFGパターンを直流的に接続したくないという理由により、1nFのチップキャパシターで接続したものの配線間クロストークの測定結果を示しています。

この図において100MHz程度以下の低い周波数における配線間クロストークを見ると、回路グラウンドをFGパターンの右端部で接続したものは、フローティング装着の場合と比べて近端側と遠端側の出力が共に6〜8dB程度低下しており、かつ14M〜15MHz程度で大きな共振をしています。

FGパターンの大きさが幅2×高さ0.035×長さ85mmの自由空間におけるインダクタンスを式(3.2)で求めると、$L \cong 83.82$nHが得られます。これとキャパシターの容量$C = 1$nFから共振周波数を求めると、$f_R = 1 \cong (2\pi\sqrt{LC})$より、$f_R \cong 17.4$MHzが得られます。これは**図5-7**が示す測定結果に比較的近い値であり、FGパターンとキャパシターが**直列共振**をしていることが分かります。

この直列共振の周波数は、回路グラウンドのFGパターンへの接続場所によって変わります。FGパターンの左端に回路グラウンドを接続したものでは、回路グラウンドを左下部分のみキャパシターで1点接地したものと同じです。しかし、近端側出力と遠端側出力における共振周波数の移動は大きく様子が変わります。近端側では低い周波数の共振は生き残るので注意を要します。

### 5.1.6　回路基板グラウンドの接地処理のまとめ

これまでの検証実験では、ワイヤハーネスをノーマルモードで**励振**した場合に、その信号(ノイズ)が回路基板内で拡散する様子を見てきました。回路グラウンドを金属シャーシにフローティング接続した場合には、基板単体の場合と比べて、配線間クロストークは増大し、大きな共振が発生して、**コモンモード電流**が発生します。そのため、侵入する外来ノイズの回路基板内での拡散を少なくするためには、基板グラウンドを金属シャーシに多点で接続するとよいという結果が得られています。ただし、侵入するノイズはノーマルモードであるとは限りません。

ワイヤハーネスから侵入してくるノイズが、初めからコモンモード成分を大量に含んでいる場合もあります。また、外来放射ノイズをワイヤハーネスで受信することによる電流は、

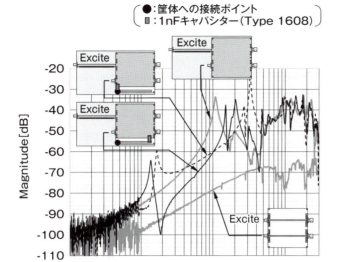

(a) 近端側出力

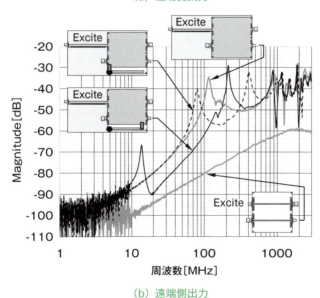

(b) 遠端側出力

**図 5-7** 配線間クロストーク（キャパシター経由でFGパターンに接続）（作成：筆者）

初めからコモンモードになっています。

　**図 5-8** は、これまでの結果を考慮した上で、基板グラウンドの**金属筐体**への各接続状態について典型的と思われる例について、電源配線に載った**外来雑音電流**が流入する様子を表しています。また、グラウンドの金属筐体への接続状態は**図 5-8 (a)〜(d)** に記載した通りです。これを見ると、おおむね次のことがいえます。

　**図 5-8(a)** は**図 5-1** と同じ構造です。金属筐体は筐体に接続されている基板のFGパター

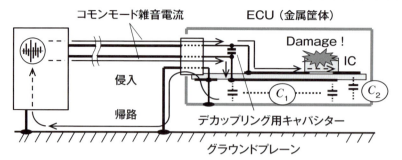

(a) FG パターンにより筐体のみ接地

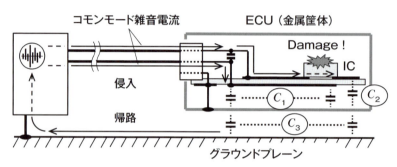

(b) FG パターンも筐体も非接地

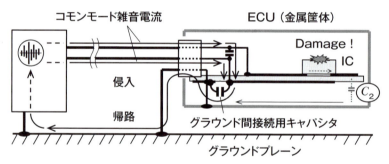

(c) 回路グラウンドをキャパシター経由で接地

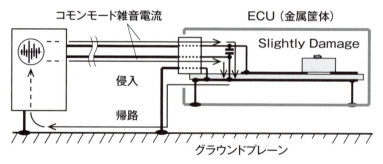

(d) 回路グラウンドを接地筐体に接続

**図 5-8** 回路グラウンドの処理が異なる機器の外来コモンモードノイズの流れ（作成：筆者）

ンを通じてグラウンドプレーンに配線によって接続されています。しかし、回路基板のグラウンドは筐体に対してフローティング状態なので、回路基板の銅箔と筐体との間に寄生容量$C_1$と$C_2$が発生し、図の経路でコモンモード雑音電流が流れる閉ループが出来ます。

　流入雑音電流はコモンモードなので、図の2配線の電位が同じであるため、ECUのコネクター入力部のキャパシターはデカップリングの役目を果たさずに、流入雑音電流は$C_1$経由と信号配線へ$C_2$経由とでグラウンドに流れ込みます。$C_1$経由の電流はICに対して直接的な影響はありません。しかし、$C_2$経由の雑音電流は信号配線経由であるため、そのまま信号配線を経由してICに流れ込み、ノイズの量が大きいとICが誤動作する可能性があります。

　**図5-8(b)**も、回路基板のグラウンドがフローティングであることは**図5-8(a)**と同じです。ただし、**図5-8(b)**ではFGパターンのグラウンドプレーンへの接続がありません。そのため、ノイズの通り道である寄生容量は$C_1 + C_2$に対して直列に$C_3$が追加されることによって寄生容量の総計が小さくなり、ノイズの通り道としてのインピーダンスは**図5-8 (a)**よりも大きくなります。従って、このループには**図5-8 (a)**よりも電流が流れにくくなります。たまにノイズで誤動作する自動車用電子機器のFGパターンの車体への接続を外すか、または、ねじ止めしている金属筐体を車体から取り外すと誤動作が発生しなくなるケースがあるのは、このためです。

　**図5-8 (a)**と**図5-8 (b)**は、どちらも回路グラウンドが筐体に対してフローティング状態にあります。従って、コネクター入力部におけるデカップリング用キャパシターが、コモンモード雑音電流の侵入に対して基本的に無力です。そのため、ノイズが侵入しやすくなるのです。この侵入をECUのコネクター入力部で食い止める必要があります。

　**図5-8 (c)**は、回路グラウンドをキャパシターでFGパターンに接続したものです。このようにするとコネクター入力部の信号線とグラウンド線の間に電位差が生じるため、外来雑音電流はコモンモードからノーマルモードに変換されて、**デカップリング**用のキャパシターが雑音電流のバイパスとして有効になります。

　また、図から分かる通り、キャパシターによる筐体への接続部分は信号入力部のコネクターの近傍であることが必要です。ただし、キャパシターによる接続とFGパターンのインダクタンスが、グラウンド経由の帰路電流に周波数特性を持ち込むことになります。これにより、新たに低い周波数の共振も発生することになります。

　**図5-8 (d)**では、入力部のキャパシターの**デカップリング効果**が**図5-8 (c)**よりもさらに有効になります。また、回路グラウンドの筐体への接続により、信号パターンの筐体への容量結合による影響はかなり抑制されることになります。

　以上により、直接的な侵入ノイズがデバイスに及ぼす影響においても、基板内部におけるノイズの拡散の場合と同様に、回路グラウンドを金属筐体に多点で接続する方法が最も

よいということがいえます。

また、このことは基板内の発生ノイズの外部ワイヤへの伝導流出においても可逆的であり、全く同じであるといえます。

## 5.2　放熱器と金属筐体の接続について

パワーデバイスなどに装着する**放熱器**について、回路グラウンドに接続すべきか否かがよく議論になります。そもそも放熱器を必要とするデバイスの放熱面は、そのデバイスで最も発熱する部位です。そこはデバイス中で最も動作電流が大きい部位の極近の所です。ということは、そこは動作信号が強い電界を放射している部分ということになります。

ここに金属筐体を放熱器として接触すれば、パワーデバイスの内部回路−放熱器間の寄生容量が通り道となり、大量の高周波電流が他への雑音電流としてコモンモードの形で流出することになります。これは原理的に避けられません。

従って、電子機器の設計に当たっては、この**流出雑音電流**を速やかに極近のルートでノイズ源に帰還させる必要があります。この帰還ルートが長いと、機器内の他回路への雑音電流となり、また、**コモンモード**雑音電流として電子機器外に流出してしまうことになります。その様子を表したのが**図5-9**です。

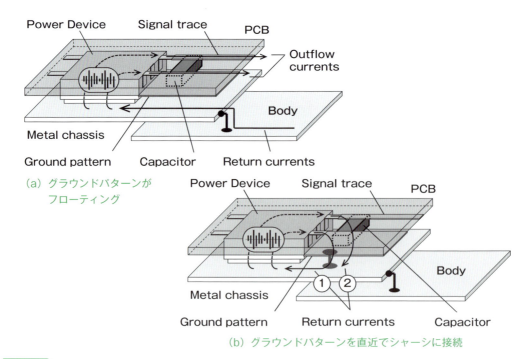

(a) グラウンドパターンがフローティング

(b) グラウンドパターンを直近でシャーシに接続

図 5-9　放熱用筐体を通した雑音電流の流出の様子（出所：筆者）

**図5-9 (a)** は、回路グラウンドが金属筐体に対してフローティング状態にあるものについて流出雑音電流の流れを表しています。この場合には、デバイス内部の電流の高調波成分などが、他への雑音電流として信号配線側の端子とグラウンド側の端子から同じ向きに流出するコモンモードになります。そのため、図の高周波ノイズに対するデカップリング用のキャパシターが雑音電流のバイパスにならず、配線を経由して基板の外部に流出してしまいます。

　**図5-9 (b)** は、発熱するデバイスのグラウンドの直近を金属筐体に接続しているため、グラウンドに流出した雑音電流①は直近でデバイス内部に帰還します。また、このようにすると信号配線とグラウンド間に電位差が出来るので、キャパシターが電流のバイパスとして機能するようになります。そのため、信号配線側の流出雑音電流②も最短でデバイス内部に帰還します。つまり、この接続処理により、雑音電流はコモンモードから**ノーマルモード**に変換されるというわけです。図を見れば**図5-9(b)**のほうが良いことは一目瞭然でしょう。

　また、放熱器が筐体ではなく、ミリワットクーラーのようにデバイスに乗っているだけで独立している場合であっても、そのサイズが大きい場合には放射源としての面積が増加します。そのため、他の部位に電界結合しやすくなり、場合によっては適切に回路グラウンドに接続する必要があります。

　さらに、**図5-9 (a)** とは異なり、回路グラウンドが完全にフローティングという極端な状態ではなくても、放熱素子の接続場所がパワーデバイスのグラウンドから遠い機器は、一般に外来ノイズに弱く、かつ**自家中毒**（**イントラEMC**）しやすい傾向があります。**図5-10**はこのことを示しています。

　図に示す基板の回路グラウンドは、基板の右側端部で金属シャーシに接続されており、パワーデバイスのグラウンドの直近で接続されているとはいえません。このモデルでは以下のことがいえます。

　**図5-10 (a)** は、いわゆる自家中毒の様子を表しています。パワーデバイスからの高調波などの流出雑音電流がすぐ近くでバイパスされないため、並列に外部へ流出しやすくなります。その際に、その通り道にある敏感なIC内に侵入することがあります。接続されるワイヤハーネスの長さによって、誤動作したりしなかったりした経験を持つ人は多いと思います。このノイズはコモンモードであるため、ICにキャパシターを入れる並列デカップリングによるノーマルモードノイズ対策は効果がないケースが多いといえます。

　**図5-10 (b)** はEMSに弱い状態を示しています。パワーデバイスの放熱処理部が外来コモンモードノイズの通り道となるため、パワーデバイス自身と電流経路にある敏感なICが被害を受けている状態を表しています。

　金属筐体を放熱器として使用しているパワーデバイスが原因となってエミッション（EMI）

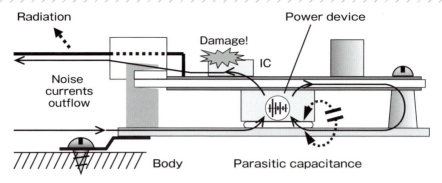

（a）基板内の他素子への妨害の例

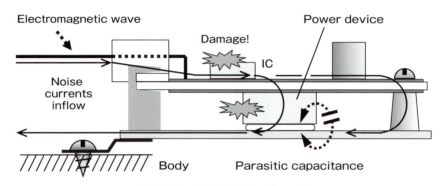

（b）外来ノイズ侵入による妨害の例

図5-10　パワーデバイスの放熱が他素子に及ぼす影響の例（作成：筆者）

が多い機器は、イミュニティー（EMS）性能も良くない場合が少なくありません。従って、よく見られる図5-10の機器は、グラウンド処理が良くない機器であるともいえます。これを改善するためには、次の(1)～(3)をできる限り同時に実施する必要があります。

(1) パワーデバイス直近のグラウンドを筐体に接続する
(2) 外部配線接続用コネクター直近のグラウンドを筐体に接続する
(3) 回路グラウンド全般を極力多点で筐体に接続する

# 第6章

## 電子機器の総合システム化

# CHAPTER 6 電子機器の総合システム化

電子機器を使用するに当たっては、その機器が置かれる場所の**電磁環境**や**接続環境**などを総合的に考えてシステム化をする必要があります。軍事や航空宇宙機器などの特殊なものを除けば、一般に自動車の電磁環境は厳しいもののうちに入るため、これを題材にします。

**図6-1**は自動車内部の電子機器の搭載環境を俯瞰したものを示しています。図はガソリン車を例に概要を描いています（電動車両については**第8章**を参照）。

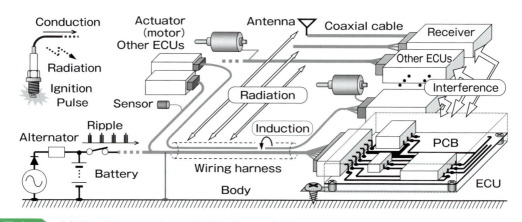

**図6-1** 車載電子機器の置かれる電磁環境 （作成：筆者）

高級車の内部では、CPUを使用していてノイズ発生源とも被害を受けるともいえる電子機器〔図中の電子制御ユニット（ECU）〕が60個以上、ノイズ発生源となる小型モーターが100個以上、ラジオやテレビ、GPS、ETC機器などノイズの被害を受ける可能性のある受信機能が20程度、狭い車体内部にひしめき合って搭載されており、それらが多くの配線で複雑にシステム化されています。今や自動車そのものが一大電子システム製品と言っても過言ではありません。

さらに、自動車特有の古典的なノイズとして**電源**の問題があります。各機器が使用する自動車内の12Vの電源は、あまりきれいとはいえない直流電源です。そこには交流発電機（オルタネーター）による交流電源を直流に変換する際に、整流・平滑しきれないことによる**リッ**

プル（脈動）成分が多く含まれており、これが各機器に対するノイズ源となります。また、ガソリンに着火するための点火栓（スパークプラグ）の**火花放電**による電磁波は高調波を多く含んでおり、ノイズとして電源線に含まれています。

このように、自動車の中の電磁環境は想像以上に厳しいといえます。

以下、こうした電磁環境の中で**電子システム**の電磁両立性（EMC）の性能を確保するために必要と思われることの概要を、事例をひもときつつ考えてみたいと思います。

## 6.1　電子機器の設置環境

ここでは、電子機器を自動車内に搭載する場所における電磁環境への対処について、近隣の配線からの影響も含めて、その一部を紹介します。

### 6.1.1　低周波ノイズによる影響

先述の通り、12V電源用の配線に載っている**オルタネーターノイズ**はいろいろな形で自動車に搭載されている機器に不具合をもたらします。ここでは代表的と思われる事象について、その原因と対策について紹介します。

**（1）電源線からの直接的な侵入**

**図6-2**は、車載オーディオ機器の**電源フィルター**の一例です。電源入力部分において**伝導**雑音電流の入力を阻止する**ローパスフィルター**です。

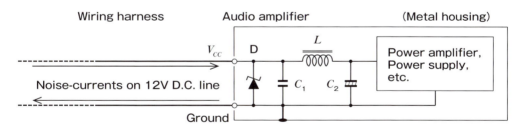

**図6-2**　車載オーディオ機器の電源フィルターの例（作成：筆者）

電源線を伝導してくる雑音電流には**イグニッションパルス**や**誘導性**の**サージ**、他の機器が発生するスイッチング電源の**高調波**や**CPUクロック**など、様々な高周波成分が含まれています。また、オルタネーターのリップル成分（整流しきれずに残った脈動成分）や電源電圧を一定にするためのレギュレーターの**スイッチングノイズ**といった比較的低周波の成分も混入してきます。

これらのノイズには数百Hzから数十kHzの周波数が含まれているので、対策が十分で

ないと、特にオーディオ機器などでは耳で聞き取れるノイズなどが混入しやすくなります。

　サージや高周波ノイズなどは一旦、機器の内部に侵入すると、すぐに内部で拡散してしまい、制御機器などに影響を及ぼします。そのため、これらに対するデカップリングは入力部すぐの所で行うべきです。

　図中の$D$は、サージ吸収用のツェナーダイオードやバリスタなどの半導体素子です。$C_1$は高周波ノイズを内部に侵入させないこと（デカップリング）を目的とする比較的小容量のセラミックスなどによるキャパシターです。なお、積層セラミックスなどのキャパシターはサージに対して強いとはいえず、その故障モードは一旦ショートモードとなった後に焼き切れてオープンになります。そのため、電源ラインのような低インピーダンスラインに使用するときには、万一のショートに備えて2個を直列にして装着する場合が多く見られます。

　オルタネーターや**レギュレーター**によるノイズの入力阻止については、オーディオ機器などでは電流が比較的大きいという理由により、コアを持つインダクタンス値の大きなインダクター$L$（1mH以上）と数千$\mu$F程度の大容量の電解コンデンサー$C_2$を図に示す順序で配置するフィルター構成とする場合が多く見られます（この構成を**チョークインプット型**といいます）。この順序であることが、電源線のような低インピーダンス線路からの入力ノイズに対するローパスフィルターとして有効性が高いからです。

　また、用品などのアフターマーケット製品では、チョークインプット型フィルターとする配置が不可欠です。その理由は、コンデンサーインプット型にすると、この製品を自動車に搭載したときに、製品と電源線とを交流的に切り離しているチョーク$L$を介することなく電源線に大容量のキャパシターが直接入ることになります。すると、電源線のオルタネーターノイズの分布（流れ）が変わってしまうので、もともと搭載されている他の機器への影響が変わってしまう可能性があるからです。

## （2）電源線からの電磁誘導による影響

　**図6-3**は、オルタネーターノイズの車載超音波センサーへの電磁誘導による混入と対策の事例を示しています。このセンサーは**トランスデューサー**（電気信号−超音波信号変換器）の同調用トランスフォーマーを内蔵しています。そのコイル面の法線方向に電源線による磁界が鎖交したために、オルタネーターによるリップル成分がノイズとして混入したもので、それが受信波形に現れています（**図6-3 (b)** 受信信号の上側の波形）。

　この場合、センサー本体の筐体を円筒形の金属にすることにより、ノイズの混入を抑制できました（**図6-3 (b)** の下側）。その原理は**レンツの法則**です。筐体の円筒形状の金属が円周方向で一回巻きのコイルとなるために、このコイルに鎖交する外来磁界の変動に反発する磁界を作ろうとする電流が発生します。これにより、**外来変動磁界**はセンサー筐体内

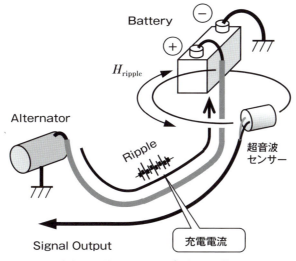

(a) センサーへのリップル混入の様子

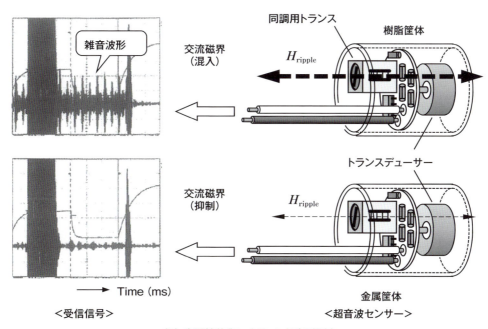

(b) 金属筐体化によるノイズの抑制

**図6-3** オルタネーターノイズのセンサーへの混入と対策の例（作成：筆者）

部で大きく抑制されるのです。

この円筒形の金属を**ショートリング**といい、導体抵抗は小さいほど電流が流れやすくなるので強い反発磁界を作ることになります。そのためには材質に応じた一定以上の厚みが必要であり、その目安は第4章に述べた表皮深さといえます。

**図6-4**はレンツの法則によるショートリングの原理を**図6-4(a)** に、応用例の1つである電源トランスからの**漏洩磁界**の抑制例を**図6-4(b)** に示します。

このショートリングによる外来磁界の抑制の考え方は大変重要です。この事例にとどまらず、第3章のガードトレースや第4章や第8章に示すようなシールド筐体の蓋の止めねじの位置など、意識する、しないにかかわらず、多くがこのことに関連しています。

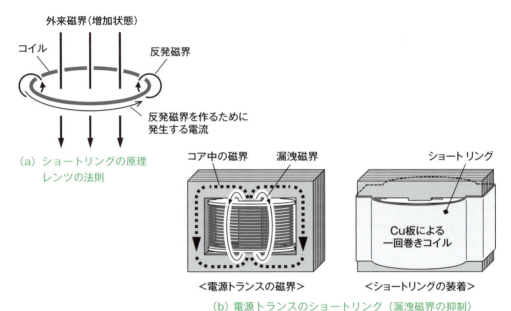

図6-4 ▶ レンツの法則によるショートリングの原理と応用例（作成：筆者）

## 6.1.2　高周波ノイズによる影響

　旧アナログテレビ時代におけるアフターマーケット製品間の**電磁干渉**の事例を示しているのが**図6-5**です。

図6-5 ▶ アフターマーケット製品間の高周波における電磁干渉（作成：筆者）

テレビ(TV)を装着していた時には何の不具合もなかったのに、後から自動料金収受システム（ETC）製品を装着したら、VHF帯のTV画面に時々スノーノイズが出現するようになりました。ETCの高周波信号は5.8G～5.9GHz帯であり、VHF帯からは離れていました。結局、この現象の原因はETCの制御信号用クロックの高調波であることが分かりました。このケースでは、クロック信号の波形を鈍らせることにより、高調波を抑制することで解決しました。このノイズは、車体の同じピラーの中で並走しているケーブル間のコモンモード信号による**クロストーク**です。このように、高感度の受信機のアンテナ線は別のピラーを経由させて引き離すべきです。

## 6.2　配線も含めたシステム化

ここでは、電子機器の構造と外部ワイヤハーネスの関わりが重要なことを示す事例を紹介しつつ、そのEMC性能の改善について考えてみます。

### 6.2.1　EMI問題を発生させやすいシステム構成事例

#### (1) 回路グラウンドの接地処理に関わる問題

図6-6はECUからLSIのクロックの**高調波**がワイヤハーネスへ流出する様子と、その対策事例を示しています。

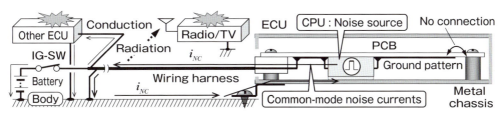

(a) コモンモード雑音電流の流出と伝導／放射による妨害

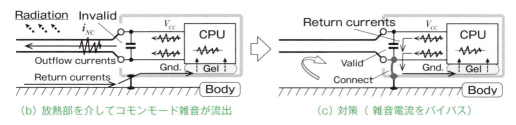

(b) 放熱部を介してコモンモード雑音が流出　　(c) 対策（雑音電流をバイパス）

**図6-6** ECUからコモンモード電流が流出する事例（作成：筆者）

このECUは画像処理も含めた多くの処理を行うため、CPUアレーから成る240ピンのLSIを使用しています。消費電力が大きいため発熱します。この発熱の大きいLSIを冷却

するためにアルミダイカスト製の筐体を放熱器として使用していましたが、LSI端子240ピンの全てから内部ノイズが放熱部分を介して**コモンモード**の形で流出していました。流出雑音電流はコモンモードであるため、LSIの電源端子や全信号端子とグラウンド端子の間に装着していたノイズバイパス用キャパシターが全く効果を発揮していませんでした。そのため、全てがワイヤハーネスへ同じ向きの雑音電流として流出することになり、他のECUへ流入したり、FMラジオなどの受信機への放射妨害を起こしたりしていました(**図6-6(a)**)。

こうなった原因は、LSIで放熱が必要な部分が筐体に接触しているにもかかわらず、基板の回路グラウンドが筐体に対してフローティング状態になっており、しかも最も肝心なLSIのグラウンドピンの直近で筐体に接続されていないことにあります(**図6-6(b)**)。

**図6-6(b)**の状態の表現を変えて、LSIと筐体を含むシステム全体の関係を描いたのが**図6-7**です。これは等価回路ではありませんが、定性的にはLSIの放熱部を通じて、内部の動作している電流がコモンモード雑音電流として流出している様子を定性的に表現した図です。

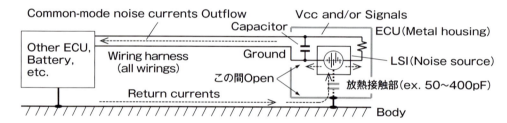

**図6-7** CPUの内部信号がコモンモード雑音電流として流出する様子（作成：筆者）

半導体において放熱を必要とする部分は最も発熱量が多い部分で、それはとりもなおさず最も動作量の大きい部分です。そこを放熱目的によって金属筐体に接触させるということは、図が示すように内部回路の他へのノイズとなる電流レベルが最も大きい部分と金属筐体とをキャパシターで電気的に接続していることと同じことです。

普通の回路図通りに考えれば、このLSIからの流出ノイズは基本的に電源端子や各信号入出力端子とグラウンド端子間の**ノーマルモード**（**ディファレンシャルモード**）による流出が主成分であることは間違いありません。この流出の阻止にはもちろん、図中のキャパシターが貢献しています。

ただし、放熱部分においては、LSI内部において大電流で動作している回路部分が金属筐体に極めて接近しています。そのため、この回路部分の途中経路を含む全体が放熱部分を経由するノイズの通り道になってしまいます。この場合は、流出ノイズには上記のノーマルモード以外に、図に示すようなLSIのグラウンド端子も含む全端子から流出するコモンモー

ド成分も混じっています。このモードの成分に対しては、ECUの出口にあるキャパシターの両端の電位は等しいため、デカップリングとしては有効ではなく、ノイズが外部配線に同相で流出することになります。

放熱部分における内部回路と放熱器との間は密着しているために、その静電容量は半導体の大きさにもよりますが、一般に小さい場合で50pF程度から大きい場合だと優に400pF程度以上はあります。

この静電容量によるリアクタンス値は、FMラジオ帯の周波数である80MHzの場合では50pFの場合で約 −j40 Ω、400pFの場合では約 −j5 Ωという小さな値になります。この小さなリアクタンス値がノイズの通路になります。そのため、LSIの場合など電源端子や信号端子はおろかグラウンド端子も含む全ての端子から内部信号がコモンモードノイズの形で流出してしまうのです。

このことは原理的には避けられないので、ノイズを外部配線に流出しづらいように、極力ECUの内部でLSIに帰還させる必要があります。

車載用電子機器に限らず、回路基板グラウンドを金属筐体に**フローティング**状態で装着している製品は実に多く見られます。微弱なセンサーなどの信号を取り込んでいるECUも多いので、それらの回路グラウンドを筐体などを通して他のデジタル回路などと共通グラウンドにしたくないという事情があるのでしょう。この事例のECUも、グラウンド処理を前記の製品群を見習って設計してしまったものと思われます。

この事例のように消費電力の多いLSIを必要とする製品の場合、多くの**高周波ノイズ**を発生するのでノイズ対策はそう簡単ではありません。まずはおびただしい高周波ノイズをまき散らさないように、基板グラウンドを筐体にしっかりと接続することを出発点にして設計する必要があります。

この事例のECUの場合は**多層基板**であり、グラウンド専用層は全面プレーン状でした。そのため、基板グラウンドの4隅のシャーシへの固定部分を介して全て導通状態としただけで、まずはVHF帯のワイヤハーネスからの放射ノイズは軒並み20dB以上低減し、そこから1GHz程度までそれなりに低下させることができました。回路グラウンドが筐体と同電位となったことから、雑音電流の流れ方がコモンモードからノーマルモードに変換されました。これにより、それまで効果のなかったデカップリング用キャパシターが有効になったためです。この様子は**図6-6 (b)**から**図6-6 (c)**への変化を見ると分かると思います。もちろん、回路グラウンドの筐体への接地はLSIのグラウンド端子の極近であることが望ましいといえます。

こうしたECUで回路グラウンドを筐体に対してフローティング状態にすると、この放熱部分が外来コモンモードノイズの通り道となります。そして、その経路中にある他の敏感な回路素子が影響を受けることになります。つまり、**図6-6 (a)**のような構成にすると

157

EMIどころか、このECUはEMSでも問題であるということになります。また、自分自身のパワー素子などが発生するノイズに対する自家中毒の問題も発生しやすいということになってしまいます。つまり、グラウンドは直流的、もしくは低周波的な考え方のみで対策を講じてはいけないということでもあるので、注意を要します。

### （2）アクチュエーターの使用が関わる問題

　自動車の内部にはソレノイドやモーターなどの多くの**アクチュエーター**が使用されています。**ソレノイド**については、エンジンの燃料噴射用電磁バルブやドアの開閉に用いるドアロックなど多くのものが使用されています。

　**モーター**については、電動車両の駆動用モーターのように大型のものをはじめとして、スターターやパワーステアリングなどに使用されている中・大型のもの、燃料供給用フューエル（燃料）ポンプや電動ミラー、カーエアコンのベンチレーター、ウインドー洗浄液のポンプなど多くの機器に使用されている小型のものに至るまで、実に多くのものが使用されています。大型モーターについては後の章で少し述べますが、ここでは特に、高級車において100個以上使用されている小型モーターの制御システムにおけるEMC問題とその対策について紹介します。

　自動車に使用されている小型モーターのうち80％以上がブラシモーター（ブラシの接触によって回転子に巻かれているコイルに電流を供給するモーター）です。従って、その接触部分自身がノイズ源になるという問題と、モーターの巻き線とハウジング（筐体）の間にある寄生容量の存在により、これを駆動するECUのEMIと電磁感受性（EMS）の両面において配線−車体間における雑音電流の通り道になるという問題があります。

　**図6-8**は、自動車に多く使用されている消費電流が数A程度以下の小型ブラシモーターについて、内部構造を示す断面と各要素間の寄生容量を表しています。図の$C_1$は、モーターの回転子（ローター）であるアーマチュアのコアとそこに巻かれているコイルとの間の寄生容量です。コイルはアーマチュアのコアに密着してぎっしりと巻かれているので、その間の寄生容量は大きく、数A程度の小型のものでも一般に1000pF以上の値を示します。

　$C_2$は、アーマチュアのコアとハウジング内側に装着されている磁性材料で出来ているステーターとの間の寄生容量です。両者の間の隙間は小さいので、その寄生容量は一般に数百pF程度の値であることが多いといえます。

　$C_3$はアーマチュアに接続されているシャフトとハウジング間の寄生容量で、$C_4$はコンミテーターに接触するブラシとハウジング間の寄生容量です。多くの場合、それぞれ数pF〜数十pFの値となります。

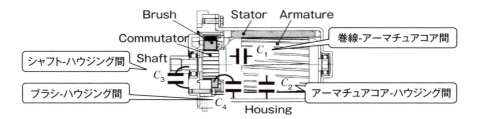

図6-8 小型ブラシモーターの寄生容量（作成：筆者）

モーターに電流を供給する配線とモーターのハウジングとは直流的には絶縁されているものの、交流的には図の$C_2$と$C_3$の並列合計値と$C_1$が直列接続された合成容量でつながっています。この実験モデルに使用した小型モーターの配線−ハウジング間の寄生容量は実測値で270pFでした。

このブラシモーターによるノイズの発生源は、コミュテーターとそこに接触しているブラシとの間の電流が断続する際に発生する**火花放電**です。これが雑音電流として**図6-9**の経路で流れることになります。

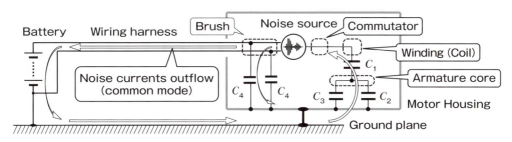

図6-9 小型ブラシモーターで発生するノイズの流れ（作成：筆者）

**図6-9**が示すように、この火花放電による雑音電流の一部は$C_4$によってバイパスされます。しかし、$C_4$の容量値は小さいので、雑音電流の多くがコモンモードの形で外部配線に流出すると考えられます。それに対する実証実験が**図6-10**です。

**図6-10**は、このシステムから流出する雑音電流が1m遠方に作る電界の大きさを直接測定した結果と、モーターからワイヤハーネス（電源線）へ流出するコモンモード雑音電流が受信アンテナの位置に作る電界$E_C$を計算した結果を示しています。

**図6-10 (b)**におけるアンテナによる受信測定波形を見ると、この小型ブラシモーターから発生するノイズは、低い周波数から530MHz程度までの広い周波数範囲にわたって放射していることが分かります。

続いて、モーターからワイヤハーネスに流出した雑音電流がワイヤから放射する量を計算します。

$E_C$の計算値は、電流プローブによって測定した電源−モーター間のワイヤを流れるコモ

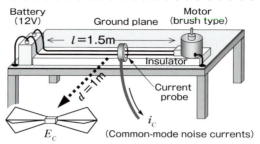

(a) 放射とコモンモード電流の測定

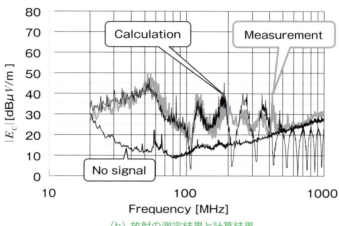

(b) 放射の測定結果と計算結果

**図6-10** 小型ブラシモーターが放射するノイズ $E_c$（作成：筆者）

ンモード電流値 $i_C$ を用いて、式(6.1)によって放射電界として計算しています。

$$|E_C| \cong 6.285 \times 10^{-7} \cdot \frac{i_C \sin(\beta l)}{\beta} \cdot \frac{f}{d} \quad [V/m] \qquad (6.1)$$

ここで、$\beta = 2\pi/\lambda$ となります。$l$（ワイヤ全長）= 1.5mと$d$（システムから観測点までの距離）= 1mは、受信アンテナによる測定と同じ条件です。

**図6-10 (b)** を見ると、コモンモード電流から算出した$E_C$の大きさと共振周波数は、測定結果による$E_C$とよく一致していることが理解できます。これにより、ブラシモーターが接続されたシステムが放射する高周波ノイズの放射源は、**図6-10**におけるワイヤハーネスを流れる**コモンモード雑音電流**であると分かります。

このように、小型のブラシモーターは火花放電によるノイズ源であることと、巻き線－ハウジング間の寄生容量によるコモンモード雑音電流の通り道を作っているという二面性を持っています。これまで考察してきた例は、前記の二面性の両方を備えているのです。

なお、**図6-10**のモデルはいわゆる2点接地のように見え、配線長1.5mによる最低共振周波数はこれが$\lambda/2$となる100MHzのはずです。しかし、**図6-10 (b)** を見ると、放射の最

初のピークとなっている周波数は50MHz帯です。これはワイヤハーネスがλ/4共振しているためです。

この理由は、ワイヤのバッテリー側はグラウンドプレーンに完全に接地しているものの、モーター側は寄生容量を介した比較的弱い接地であるからです。従って、共振のファンダメンタルはλ/4共振となりますが、λ/2共振もするため、**図6-10(b)**を見るとピークとボトムの関係ではありますが、50MHz帯と100MHz帯の両方の共振が見られます。この配線長とグラウンド側の線の接地などによる影響の詳細については第7章で考察します。

次に、小型モーターを駆動するインバーターユニットから流出する**PWM**(Pulse wedth Modulation：パルス幅変調)信号とその高調波の流れについて考えてみます。

**図6-11**は、インバーターユニットから小型モーターに向けて流出するコモンモード雑音電流の流れを表しています。

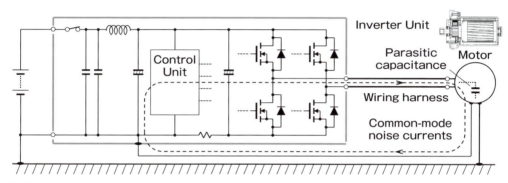

**図6-11** モーター制御用ECUより発生するノイズとその流れ（作成：筆者）

モーターを制御する信号は、図に示すようにPower MOS FETによって構成された**H-ブリッジ**によるスイッチングによって制御されています。この信号はワイヤハーネスをノーマルモード電流として流れますが、往復電流が同じ大きさであるため、原理的にはノイズの放射には寄与しないはずです。

ただし、この往復電流の経路はモーターの内部配線も含めて、必ずしも完全にバランスがとれているわけではありません。そのため、そのアンバランス成分がコモンモード成分に変換されます。前述したように、モーター駆動用の配線と車体などのグラウンドプレーンに固定されているモーターの筐体との間は、直流的には絶縁されています。しかし、主に巻き線を通じた寄生容量によって交流的には導通しています。そこで、前記コモンモード成分がH-ブリッジとグラウンドとの間でコモンモードとしてのループを形成するために、PWM信号とその高調波がワイヤハーネスの2線を同じ向きに流出してワイヤハーネスから放射し、他へのノイズ源になってしまいます。また、この経路にはH-ブリッジを制御するための制御信号もPower MOS FETのゲートや電源線などを通じて高周波ノイズとして紛

れ込んでいるため、ワイヤハーネスにはMF帯〜VHF帯までの広範囲な周波数のノイズが含まれています。

そこで、まずは主力となっているH-ブリッジによるPWM信号の流出を抑制することが必要になってきます。

**図6-12**は電流プローブによってPWM信号によるコモンモードノイズの対策の抑制効果を測定するモデルであり、**図6-13**はその対策の効果を表しています。

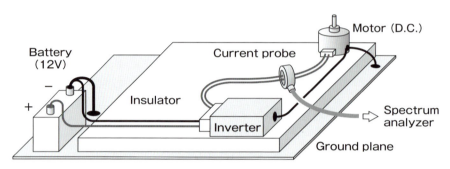

**図6-12** インバーターから流出する伝導雑音電流の計測（作成：筆者）

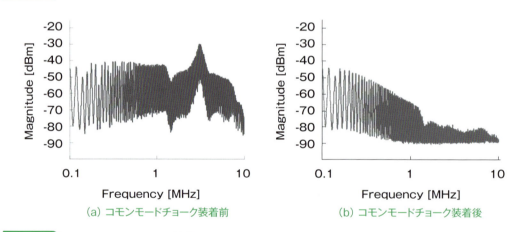

(a) コモンモードチョーク装着前　　　(b) コモンモードチョーク装着後

**図6-13** コモンモードチョーク装着による流出雑音電流抑制効果の例（作成：筆者）

対策は、**図6-14 (a)**に示すインバーターユニットの直後に装着した**コモンモードチョーク**によるものです。**図6-13**を見ると、特に200kHz程度以上において流出ノイズが大きく抑制されていることが分かります。

**図6-15**はコモンモードチョークを実際に装着した例を示しています。搭載に際しては極力、回路基板端部で外部配線が接続されるコネクターの直近にすることが望ましいといえます。加えて、コモンモードチョークの入出力部においては往復配線の平衡性に注意する必要があります。

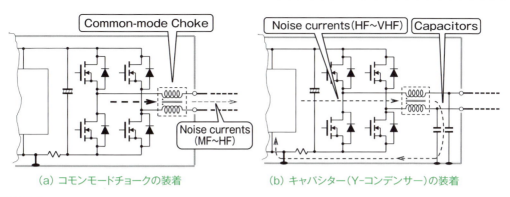

（a）コモンモードチョークの装着　　　　　（b）キャパシター（Y-コンデンサー）の装着

**図6-14** コモンモード雑音電流の流出対策（作成：筆者）

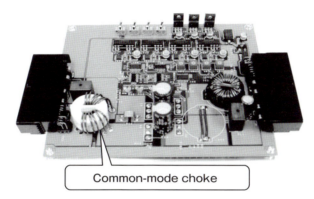

**図6-15** コモンモードチョークの実装例（作成：筆者）

　また、この事例では必ずしもそうはなっていませんが、入出力のパターンは極力離し、入出力間の容量結合が可能な限り小さくなるようにする必要があります。そのためには、グラウンドパターンをコモンモードチョークの一回り外側まで全層を抜いておかなければならず、それはコネクターの入出力部のパターンまで必要です。

　さて、コモンモードチョークは広い周波数範囲においてコモンモード雑音電流を抑制させるだけの能力があるかというと、そこまで万能ではありません。**図6-16**は概念的ではあるものの、コモンモードチョークにおけるインピーダンスの一般的な周波数特性を示しています。大きなインダクタンスを稼ごうとして巻き数を増やすと線間の静電容量も増えるため、どうしても一定の周波数で共振します。そのため、部品にもよりますが、大型のものではそのインピーダンスは一般には数十MHz程度の周波数がピークになり、それ以上の周波数ではキャパシターになって、徐々に雑音電流の抑制効果が失われていきます。というわけで、VHF帯程度のコモンモード雑音電流の流出抑制には別の手立てが必要になってきます。

　その一例を示しているのが、**図6-14(b)**に示すキャパシターの併用です。このキャパシター

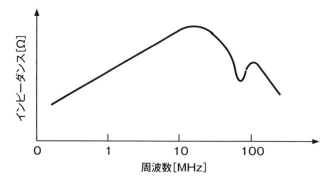

図6-16 ▶ コモンモードチョークにおけるインピーダンス周波数特性の一例（作成：筆者）

はコモンモード雑音電流が流れている2本のワイヤのそれぞれと金属筐体との間に接続されており、その配線の形態から通称 **Y-コンデンサー** と呼ばれています。これにより、図に示すように雑音電流はそのノイズ源に帰還されます。ここに比較的小容量のキャパシターを使用することにより、このY-コンデンサーの単独使用でもコモンモード雑音電流の抑制効果を発揮できます。**図6-14 (b)** のように、コモンモードチョークと同時にこの形で使用すると、2本のワイヤのそれぞれが **定K型ローパスフィルター構造** となるため、低い周波数においてもコモンモードチョークの単独使用よりも大きな流出抑制効果を期待できます。

### 6.2.2　EMS問題を発生させやすいシステム構成事例

**図6-17** は、ECU外部のワイヤハーネスからECUに侵入したコモンモードの雑音電流がECU内部の敏感なデバイスに侵入する様子（**図6-17 (a)**）と、その侵入する原因（**図6-17 (b)**）、対策事例（**図6-17 (c)**）をそれぞれ示しています。

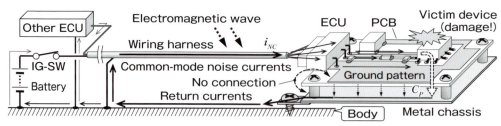

(a) ECUへの雑音電流の流入と内部回路への侵入／妨害

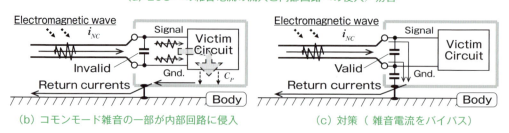

(b) コモンモード雑音の一部が内部回路に侵入　　(c) 対策（雑音電流をバイパス）

図6-17 ▶ ECUへのコモンモード電流が流入する事例（作成：筆者）

実際の現象はISO規格による電磁波を自動車に照射する試験において、該当ECUの制御に不具合が生じたものです。さらに調べると、電磁波の照射によってECU内部の**AD変換回路**のデータが一部変わってしまった現象であり、電磁波の照射を停止すると正常動作に復帰して、また、ECUを車体から取り外しても不具合は発生し難くなるというものでした。

　さらに、ECU単体における**電磁波照射試験**においては何ら不具合は認められず、これはシステム化することによって発生する不具合現象でもありました。

　不具合現象は50MHz以下という波長の長い電磁波を自動車の車体に照射すると発生します。そのため、システム化の際に接続される長いワイヤハーネスが受信アンテナとなり、ワイヤハーネスに誘導したコモンモード雑音電流がECUに流入することが直接の原因であることは明白です。これはECUの構造による原因が大きいといえます。つまり、このECUの問題点も、前項の場合と同様に基板の回路グラウンドが金属筐体内にフローティングの状態で装着されていることによるものです。

　この**コモンモード雑音電流**のECU内への流入のメカニズムは、**図6-17 (a)** に示すようにワイヤハーネス→回路基板の全パターン→寄生容量$C_P$→金属筐体→車体→グラウンド線(自身のシステム内のグラウンド線や、他のECUや車載バッテリーのグラウンド線)で成り立つ一巡の巨大なループが成立していることにより、これが直接的にループアンテナとして外来電磁波の受信アンテナとなるか、あるいは車体が受信して車体に流れる雑音電流がこのループに電磁誘導することによります。

　システム内へ流入する雑音電流はコモンモードであるため、回路図通りのノーマルモードノイズ対策であるキャパシターによるデカップリングは全く有効ではありません。従って、無節操にECU内に流入します。ECU内に流入したコモンモード電流は、前記のように回路基板のグラウンドを含む全銅箔パターンと金属筐体間の寄生容量$C_P$を経由して流れます(**図6-17 (b)** 参照)。

　このとき、この電流はグラウンドパターン−金属筐体間と信号パターン−金属筐体間とでインピーダンスが異なるので、ここで一部がノーマルモードに変換されてデバイスの入力になってしまいます。

　また、少し見方を変えてみると、デバイスの内部回路につながっている基板パターンと金属筐体間の寄生容量を経由する雑音電流は、問答無用でデバイスの内部回路を通過することになります。これを考察しているのが**図6-18**です。

　一般に、**多層基板**においては信号配線が密集しており、信号配線以外の部分はグラウンドパターンで埋め尽くされています。また、内層にグラウンド専用層がある場合には、そこは全面プレーン状のいわゆる**ベタグラウンド**層となっている場合がほとんどです。こうした多層基板は、透かしてみれば、ほぼ基板面全体が銅箔であると見なせる場合が多いと

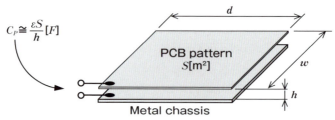
（a）全銅箔とシャーシ間の静電容量

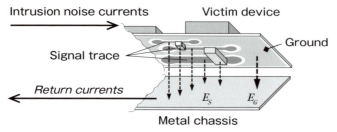
（b）基板パターンと金属シャーシ間の電界

図6-18 ▶ デバイス内部回路につながるパターンのノイズ源としての働きの例（作成：筆者）

いえます。そのため、基板全体の銅箔と金属シャーシ間の静電容量は、これを平行平板コンデンサーと見なせば、**図6-18（a）**のように表すことができます。

ここで、基板全体の銅箔面積 $S$ = 150mm × 150mm = 2万2500mm$^2$、$h$=3mm として端効果を省略して図中の式によって静電容量を概略計算すると、$C_P \cong 66$pF が得られます。この静電容量のリアクタンスとしての大きさは、周波数 $f$ = 50MHz において $1/(j2\pi f C_P) \cong -j48\Omega$ になります。

また、基板の銅箔と金属シャーシ間の電界は、**図6-18（b）**のように圧倒的に多いグラウンドからによる $E_G$ と、信号配線からによる少量のものがあり、本事例においては被害を受けた**ADコンバーター**のデバイス内部へ侵入したものは**図6-18（b）**に示す $E_S$ に相当します。この $E_S$ を作るパターンの面積が基板全体の1%であるとすると、その部分の静電容量は上記の計算値の1%である 0.66pF となり、そのリアクタンス値は50MHzで $-j4.8$k$\Omega$ となります。

この結果から**図6-17**の現象を考察すると、回路基板を金属筐体にフローティング状態で装着すると、50MHzにおいては、外来コモンモードノイズはADコンバーターに 4.8k$\Omega$ を介して有線で注入されたのと同じことになってしまうと推察されます。**図6-19**はこの様子をデフォルメして表現したものです。

**図6-19**ではノイズ源がワイヤハーネスになっています。これは他から到来する電磁波をワイヤハーネスが受信することにより、コモンモードノイズ電流が発生することを念頭に置いています。これにはもちろん他のECUから伝導してくるノイズも含まれています。

これはややラフな推察であり、必ずしもこの通りになるとは限りません。しかし、回路基板を金属筐体内にフローティング状態で装着するということは、こうした危険性をはら

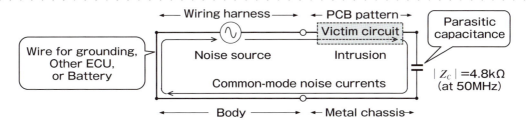

**図 6-19** 寄生容量によってノイズが被害回路に侵入する様子（作成：筆者）

んでいる可能性があるということを示唆してします。

ともあれ、このような問題を低減させるためには、何らかの形で回路グラウンドを金属筐体に接続する必要があるということです。図6-17 (b)と図6-17 (c)は対策前後における1つの事例を示しています。

このECUに侵入してくる**外来伝導雑音電流**はコモンモードであるため、図6-17 (b)ではECUの外部配線入力のコネクター部分に設けたキャパシター両端の電位は変わりません。そのため、ノイズのバイパスにならず、デカップリングの役目を果たしません。

しかし、図6-17 (c)のようにグラウンドパターンと金属筐体間にキャパシターを接続すると、コモンモード雑音電流のグラウンド側の電流はその多くが車体に帰還します。また、この接続によって信号配線とグラウンド間に電位差が出来るので、信号、グラウンド間のキャパシターがノイズに対するバイパスの役目を果たすようになり、基板内部へのノイズの侵入が抑制されるようになります。この図6-17 (c)の対策は、侵入雑音電流をコモンモードから**ノーマルモード**に変換したというわけです。

ただし、グラウンドパターン−金属筐体間の導通にキャパシターを用いると、グラウンド経由の雑音電流の帰還路に周波数特性を持ち込むことになるので、本来は基板グラウンドは金属筐体に多点で導通させるべきです。

このように、**コモンモードノイズ**の侵入はやっかいな問題です。諸般の事情で、どうしても回路グラウンドを金属筐体に電気的に接続できない場合には、キャパシターによる並列デカップリングは効果がないので、インダクターやコモンモードチョークなどによる**直列デカップリング**が必要になります。

また、本項の当初に記述したように、ECUを車体から取り外すと不具合現象が低減する場合があるのは、コモンモード雑音電流の一巡のループのうちの有線の部分が断ち切られるためです。ここに金属筐体−車体間の寄生容量が直列に入ることになり、ループインピーダンスが上昇して、雑音電流がいくらか低減するようになるのです。

さらに、システムのベンチ試験において問題がなくても実車で問題となるのは、ワイヤハーネスの長さとグラウンド処理が両者で微妙に異なっているためです。

なお、ここではEMS問題として説明していますが、このような問題は可逆的であり、

EMIにおいても同じことであることを付記しておきます。

### 6.2.3 その他

この項で考察した事例において、電子機器のグラウンドの取り扱いはもちろん、機器間を接続しているワイヤ類がEMI／EMSに良くも悪くも関わっているのです。自動車内では車内LANを含めて極めて多くのワイヤやワイヤハーネス（線束）がひしめき合っています。システム化において、なくてはならないワイヤ類の対ノイズ性とその対処については、まとめて7章で考察を行います。

## 6.3　金属筐体の構造が関わる課題

金属材料によって出来ているシールド筐体の蓋は意外に見過ごされることが多いのですが、適当にねじ止めすればよいということではありません。

ここで、アクチュエーターを駆動するインバーターユニットを自動車に搭載すると他の機器にノイズが混入するという事例について、原因と対策について機器の構造面から考えてみたいと思います。

図6-20は、モーターなどのアクチュエーターを駆動するインバーターユニットを含む多くのユニットを内蔵したアセンブリーを表しています。図6-20 (a)は自動車に搭載したときに、ここから出るノイズが放射する様子を、図6-20 (b)はこのユニットの内部構造を表しています。

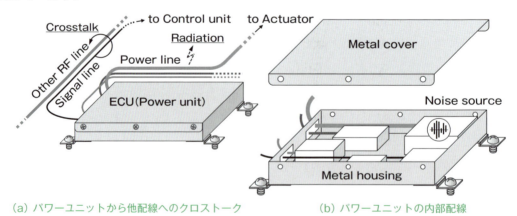

(a) パワーユニットから他配線へのクロストーク　　　(b) パワーユニットの内部配線

図6-20　電力ユニットによるエミッションと機器の内部構造（作成：筆者）

太線によって1本ずつで描いている入出力線は、それぞれが電力や信号が往復するペア配線が1組から数組束ねられたワイヤハーネスです。また、このときの他の機器に対する妨害源となるノイズ源は、パワーユニット内のインバーターユニットです。ノイズ混入のプ

ロセスについては2つあります。1つは、インバーターユニットからアクチュエーターに向かって出力される繰り返し周波数が、数k～10kHz以上のPWM信号とその高調波がコモンモードの形で流出し、高調波成分がワイヤハーネス（図のPower line）から直接放射する成分。もう1つは、インバーターノイズとは何の関係もないはずの制御線（図のSignal line）に載った前記ノイズのコモンモード成分が、制御線と並走している他の機器の通信線にクロストークすることによるものです。

このうち、ノイズ源であるインバーターユニットに直接接続されているワイヤハーネスからの放射については、ローパスフィルターとして**コモンモードチョーク**を挿入するか、往復線のそれぞれと金属筐体間に**Y-コンデンサー**を装着する必要があります。このモーターが大電力タイプの場合には、コモンモードチョークの使用は挿入損失が無視できなくなるので現実的ではなくなります。従って、**シールドケーブル**を使用して機器筐体からシールドケーブル外部導体、モーター筐体までのシステム全体を電磁遮蔽することが必要になり、電動車両などでは多くがこのように構築されています。ただし、システム全体のシールドは非常に難しく、これについてはこの項の趣旨ではないので別途述べることにします。

次に、もう1つの一見、無関係な配線から並走する他の機器の通信線へクロストークすることについては、そもそも無関係なはずの配線にインバーターによるノイズが大量に混入しなければよいのです。しかし、実際には筐体の内部配線の関係と筐体構造による混入は避けられません。

**図6-21**は、パワーユニット内におけるコモンモードノイズのクロストークとその対策について表しています。

パワーユニット内の各々の小ユニットはこれまで述べたように、それぞれのグラウンド処理が完全であることは少なく（というよりも実製品ではほとんどありません）、デカップリングも大抵の場合は完全ではありません。そのため、外部ワイヤハーネスへの伝導流出ノイズにはコモンモード化された成分が必ず含まれています。**図6-21 (a)**で示される電流は、全て車体にねじ止めなどで電気的に接続されている筐体内のシャーシをコモングラウンドとするコモンモード雑音電流です。

**図6-21 (a)**を見ると、それぞれの小ユニットに接続されているワイヤハーネスと車体にねじ止め接続されている筐体との間で、コモンモード電流が流れる1ターンのコイルが成立していることが分かります（この図では単なる往復電流に見えますが、配線の両端部は何らかの形でつながっている閉回路として電流が流れているので、これらの系は全て1ターンコイルです）。

ここで、インバーターの出力線を流れる雑音電流の作る磁界が他回路の信号線（Signal line）による1ターンコイルの面に鎖交することにより、これら2つの配線が金属筐体で**電磁**

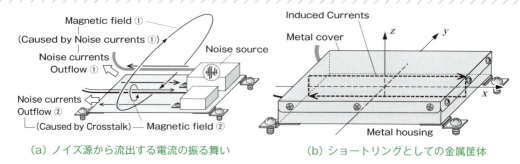

(a) ノイズ源から流出する電流の振る舞い　　(b) ショートリングとしての金属筐体

**図6-21** 電力ユニットが発生するノイズと伝導出力の抑制例（作成：筆者）

**誘導結合**するために、インバーターユニットからの流出雑音電流が、他回路の信号線に乗り移るのです。**図6-21**を見ると、コイル面が対向しているということは、配線が離れていても並走していることが問題なのです。**図6-21(a)**ではシャーシがあるだけの開放空間ですが、これが蓋のある筐体内であれば磁界は乱反射し、筐体内での配線間クロストークは一層大きいものになります。

このように、金属筐体内に複数の配線があると、上記のクロストークの問題からは原理的に逃れられないので、何らかの工夫が必要になります。次にその解決策を示します。

**図6-21(b)**は上記の問題を解決する筐体を示しています。筐体と蓋を、問題となる配線に対して直角方向となる両サイドの辺の部分をねじ止めすることにより、筐体が内部の配線系とコイル面を共有する巨大な低インピーダンスのコイルになるところがポイントとなります。つまり、**図6-20(b)**の筐体はパワーユニットの内部配線が作るコイルとコイル面を $x$-$z$ 面として共有するショートリングを構成することになります。この巨大なショートリングにより、インバーター出力の配線が作る磁界は弱められ、他の並走する信号配線をインバーターユニットの配線が作る磁界から守るという二重の抑制効果が得られています。

一方、**図6-21(b)**の筐体はコイル面が $y$-$z$ 平面しかないので、$x$-$z$ 面をコイル面とする配線系にはショートリングとして全く機能しません。この例では**図6-20(b)**から**図6-21(b)**の構造にすることにより、信号配線からの流出雑音電流は相当量低減することになります。

実際には機器の内部では多くの配線があらゆる方向に向いているため、結局は蓋は4辺とも多点でしっかりとねじ止め固定して、筐体をあらゆる方向の磁界に対するショートリング構造にする必要があるということになります。もちろん、このねじ止め部分は多いほうがよく、可能であれば導電シールのようなもので全周を連続的に接続するのが望ましく、高周波計測機の発振器のシールドなどはそうなっています。

実際には、必ずしもそうした構造にすることは現実的ではありません。その場合には、我慢できる程度としては、問題となる最高周波数の波長の1/20程度のピッチでの導通を考えることが1つの目安となります。

第 1 章

# 電子システムを構成する配線

# CHAPTER 7

## 電子システムを構成する配線

### 7.1 システム化に用いるワイヤハーネス

これまで回路基板の電磁両立性（EMC）設計から電磁シールド、回路基板の金属筐体への装着、電子機器の総合システム化まで順番に考えてきました。これらの全てに共通しているのが、**配線**です。

ワイヤによる配線は、用途においては電子機器内部の回路基板間の接続から、電子機器を使用するための機器外部との接続用のものまであります。その形態も、1本の単線状態のものから、**ワイヤハーネス**（配線を多数束ねた線束）、**フレキシブル基板**（**FPC**）、**フレキシブルフラットケーブル**（**FFC**）など、実に様々なものが使用されています。自動車の内部においては高級車の場合、大小、長短それぞれを1本1本とすると、実に2000本以上ものワイヤが配線用として機器間を走り回っています。

不要電磁波の放射や受信という面から見ると、極超短波（UHF）帯以上では電子機器そのものがノイズを直接やり取りするようにはなるものの、この周波数帯も含めて、特に超短波（VHF）帯程度以下の周波数においては波長が長くなります。従って、電子機器を使用するために接続されるワイヤハーネスがEMCに果たす役割は良くも悪くも大きいと言わざるを得ません。

この章ではワイヤハーネスを構成する配線の基本的な性質と、その実際の使用における課題などを、実験も含めてクリアにしていきたいと思います。

#### 7.1.1 グラウンドプレーン上での配索

**図7-1**は自動車の床に配索されているごく一般的なワイヤハーネスの例を示しています。ワイヤハーネスを構成する配線群には、図に示すように同じ向きに電流が流れています。これは**コモンモード雑音電流**です。ということは、コモングラウンドである車体に帰路電流が流れており、その帰路電流は**図7-1 (a)**に示すように、ワイヤハーネスの直下に集ま

172　EMC設計

ろうとします。このことは**図7-1 (b)** に示す回路基板グラウンドを流れる帰還電流の可視化結果とスケールは異なるものの、同じことであるといえます。

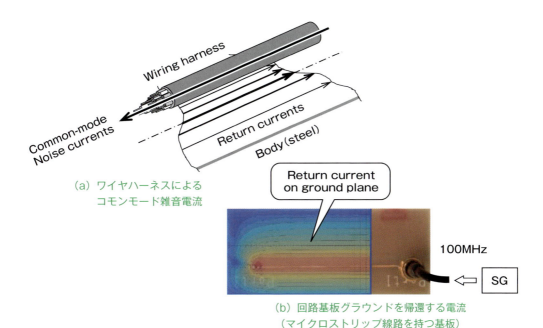

（a）ワイヤハーネスによる
　　コモンモード雑音電流

（b）回路基板グラウンドを帰還する電流
　　（マイクロストリップ線路を持つ基板）

**図7-1** 自動車のワイヤハーネスとそこを流れるコモンモード雑音電流（作成：筆者）

　そのときの帰路電流の分布はワイヤハーネスと車体との間の電気力線によって決まり、この広がりは小さいほうが他への妨害源になりにくいことは、これまで説明した通りです。言い方を変えると、コモンモードノイズの電力は、往復配線間を中心とする近傍空間が往復配線としての導体であるワイヤハーネスと車体とをガイドとして**横方向電磁界（TEM）**伝送します。このときのポインティング電力の伝送範囲を極力狭く、こぢんまりとさせるほうが当然、他への妨害源になりにくくなります。

　そのためには次の[1]と[2]を考慮する必要があります。
[1]往復導体間隔を小さくして電磁界分布の広がりを小さくする。
[2]往復導体がTEM伝送の安定した一定のガイドとなるように維持する。
　　（帰路電流の流れる筐体や車体の継ぎ目に着目）
　以下、これら[1]と[2]について実験も含めつつ考察することにします。

## [1]配線の高さが帰路電流の拡散に及ぼす影響

　**図7-2**は自動車内におけるワイヤハーネスの2種類の配索状態を表しています。**図7-2(a)**はワイヤハーネスが車体に近い場合を（高さ$h_L$）、**図7-2 (b)**は遠い場合を（高さ$h_H$）を表しています。

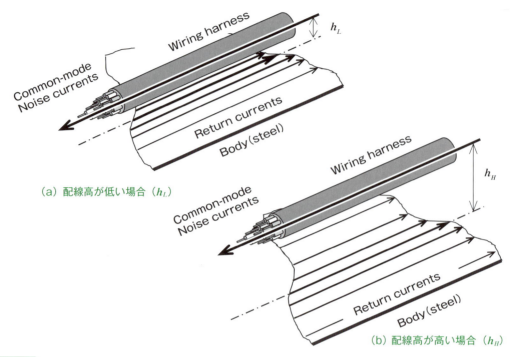

**図7-2** 配線の高さとコモンモードの帰路電流の広がり（作成：筆者）

　この図に電界は描いていませんが、車体を流れる帰路電流の広がりは当然、**図7-2(a)** よりも **図7-2(b)** のほうが大きいことは直感的にも分かります。これは往復導体の間隔が広いことによって電界の分布が広がっているためです。

　ここで、配線がグラウンドプレーンから遠ざかることによって往復電流路の間隔が広くなると、グラウンドプレーン上のノイズ分布がどの程度変化するのかについて確かめるために行った実験を以下に示します。

　**図7-3** は、この目的の実験を行ったモデルを示しています。

　これは板厚 $t$=1mm で 100mm×100mm の銅板の対辺 2 辺に SMA コネクターを装着し、その内部導体間に外径 $\varphi$ 0.6mm のスズめっき銅線を装着して信号配線としたものです。この銅線の高さ（銅線－銅板間のスペース）を紙のスペーサーを用いて **図7-3(a)** に示すように 0.18～16.3mm まで変化させ、電気的諸特性の変化を調べて考察を行いました。

　なお、このモデルは信号配線長が 100mm しかなく、自動車のワイヤハーネスなどと比べると非常に小さい上に、信号配線が 1 本しかありません。これを実際のモデルに当てはめるためには前者ではスケールを変えればよいのです。この 10 倍のサイズの場合には同じことが 1/10 の周波数で起きると考えればよく、後者ではワイヤハーネス内の多くの配線を同じ方向に流れるコモンモード雑音電流で考えるわけなので、配線は 1 本でよいはずです。これらにより、以下の(1)と(2)を確認しました。

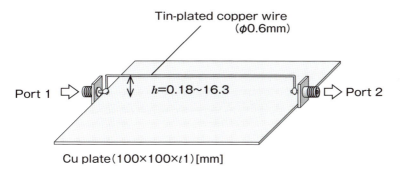

(a) 伝送特性の測定

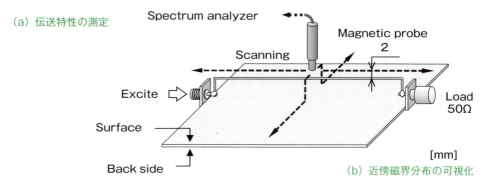

(b) 近傍磁界分布の可視化

**図7-3** 配線の高さ（$h$）の変化が伝送特性と放射に及ぼす影響を調べるモデル（作成：筆者）

(1) この信号配線系における伝送特性の配線高さ依存性を調べることを目的に、配線の両端にネットワークアナライザー〔米Keysight Technologies（キーサイト・テクノロジー）の「Keysight E5071C」〕のPort1とPort2をそれぞれ接続し、通過と反射を調べる。

(2) この信号配線系におけるグラウンドプレーン上の電流分布を調べることを目的に、近傍磁界プローブを装着したEMCノイズスキャナー（森田テックの「WM7300」）により、この配線系の往復電流の分布を近傍磁界分布の形で測定する。

## 伝送特性

**図7-3**に示した実験モデルによる測定結果が以下の**図7-4**です。

図を見ると、おおむね次のことがいえます。

①配線高さが最も低い$h$=0.18mmのものは3GHzまでの通過$|S_{21}|$がほぼ-3dB以内であり、全般的に電力のほぼ1/2以上が通過しています。反射を表す$|S_{11}|$は500MHzで-12dBに近く、この配線の**特性インピーダンス**は50Ωに近い状態で動作していると考えて構いません。配線もこれくらい密着していれば、高周波の伝送路としても耐えることが分かります。

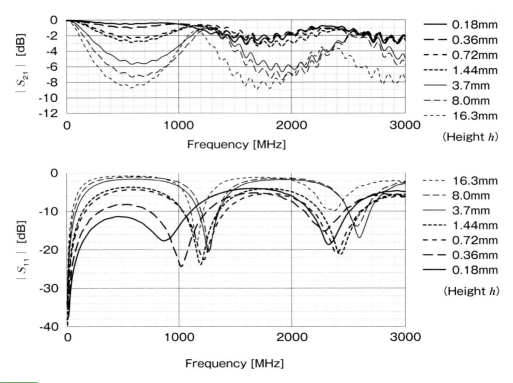

**図 7-4** 信号配線のグラウンド面からの距離が伝送特性に及ぼす影響（作成：筆者）

②配線高さが最も高い $h$=16.3mmのものの通過特性$|S_{21}|$は150MHz程度で-3dBになってしまいます。高い周波数では所々通過しやすくなったり、電力が-8.5dB程度（1/7程度）しか通過しなかったりを繰り返すようになります。反射を表す$|S_{11}|$は500MHzで-0.8dBであり、電力の83%も反射してしまっています。このように反射が大きいと、周波数によっては大きな定在波が立ち、また、反射した高周波ノイズの電流があちこちに回り込んだりするようになってしまいます。

このように、コモンモードノイズ電流が流れている配線は、その帰路電流が流れているコモングラウンドに極力近づけて配索することがノイズの放射の面で重要であることが、伝送特性の面から見ても想像できます。次に、このことをもっと直接的に見るために、系全体のノイズの分布を可視化することによって見てみることにします。

### グラウンドを帰還する電流分布の可視化

図7-5は図7-3に示した可視化モデルのうち、配線高さが最も高い$h$=16.3mmのものと最も低い$h$=0.18mmのものの2つについて、系全体のノイズの分布を可視化した結果を表しています。

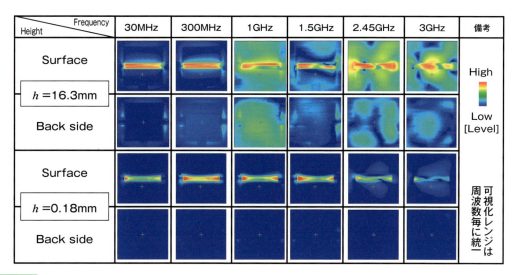

**図 7-5** 信号配線のグラウンド面からの高さが帰路電流の広がりに及ぼす影響（作成：筆者）

これを見ると、おおむね次のことがいえます。

①配線高さが最も高い $h$=16.3mmのものは30M〜300MHzにおいて既に反射の影響などがはっきりと分かります。これより次のことがいえます。

- 配線高さ $h$ が高いことによって配線-グラウンドプレーン間の電界が広がることにより、グラウンドプレーン上の帰路電流の配線直下への集中度合いが低下して広がりを見せています。
- 配線入力部および出力部において反射したノイズがグラウンドプレーン周辺部に回り込んで流れていることが見て取れます。30MHzにおいてもグラウンドプレーンの外形がはっきりと分かるほどで、電流は導体周辺部を流れようとしていることが分かります。また、300MHzにおいては、ノイズがグラウンドプレーンの裏面に回り込んでいることがはっきりと分かります。さらに、このようなグラウンドプレーン両面におけるノイズの拡散は周波数が高くなるほど共振を伴って大きくなります。これらの変化は前記の伝送特性と連動しており、興味深いといえます。

②配線高さが最も低い $h$=0.18mmのものは1.5GHzまでは信号配線直下付近のグラウンドプレーン上の帰路電流の広がりはほぼ見られません。2.45GHz以上で見られる広がりはグラウンドプレーンの共振に伴うものでしょう。信号配線がグラウンドプレーンにこれくらい密着していると、ノイズの拡散は非常に低く抑えられていることが分かります。

また、特性インピーダンスが50Ωに近づき、励振源と負荷に対して整合状態に近いためにこのように拡散しにくくなっています。

なお、この特性インピーダンスは信号配線の導体径とグラウンドプレーンまでの距離の比率、および信号配線の絶縁被覆の比誘電率によって決まります。そのため、信号配線の導体径が大きい場合には、このモデルほど極端にグラウンドプレーンに近い必要はありません。ビニール被覆導線をグラウンドプレーンに貼り付けると、その配線の外形が多少太いものであっても、その特性インピーダンスがほぼ50Ωに近い値になっているのはこのためです。

　ただし、大抵の配線は負荷などに整合していないので、上記の例とは違って厳密に考えることはできませんし、回路の目的によってはその必要もありません。とはいえ、この事例が示すように、信号配線や電力線などに高周波のコモンモード雑音電流が流れている場合にこの系からのノイズの拡散を抑制するためには、そのときにコモングラウンドとして帰路電流が流れているシャーシや金属筐体に極力密着させることが必要です。

## ［2］グラウンドの継ぎ目が帰路電流の拡散に及ぼす影響

　産業機器に用いられる大きな制御盤や自動車の車体などのように、サイズの大きい導体板を必要とする場合には、コストの観点から多数の板をねじ止めやスポット溶接などによってつなぎ合わせて使用するケースが多くなります。

　**図7-6**は導体板を**スポット溶接**で接続したグラウンドプレーン上に、ワイヤハーネスを配索している状態を表しています。

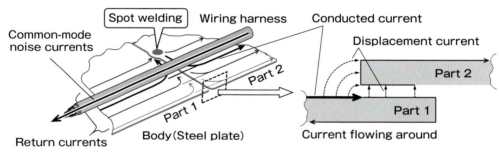

（a）金属板の合せ目の上にあるワイヤハーネス　　　（b）金属板の合せ目に発生する変位電流

**図7-6** 継ぎ目のあるグラウンドを帰還するコモンモード雑音電流（作成：筆者）

　ワイヤハーネスにコモンモード雑音電流が流れている場合には、相方となっているコモングラウンドであるグラウンドプレーン上に適度に分散した帰路電流が流れています。しかし、導体板間での電気的な関係はスポット溶接の部分では確実に導通しているものの、それ以外の部分は不完全です。

　まず、伝導電流は**図7-6(a)**に示すように、導通している溶接部分には確実に流れるので、図に示すように迂回している電流成分はあります。一方、不完全な導通状態にある導体間

においては、導体板の重なり合った部分で不完全ながら接触している部分は接触抵抗が大きいながらも伝導電流は流れます。しかし、重なり合って導通していない部分はキャパシターを構成します。そのため、図7-6 (b)に示すように変位電流として流れるので、これは他へのノイズとして放射することになります。

この部分は少し違うように思えるかもしれませんが、回路基板においてグラウンドに設けたスリット上（銅箔のない部分）を横断する信号配線がある場合と同じことであると考えられます。

図7-7は、マイクロストリップ線路を持つ両面基板を流れる往復電流が作る磁界を**可視化**観測したものを示しています。信号配線を流れる電流が負荷で仕事をした後、グラウンドに帰還する際に、信号配線近くに集まって流れます。しかし、スリットがある部分では伝導電流はスリットに沿って迂回するしかなくなります。この図はその様子を表しています。

よく見ると、グラウンドパターンとしての導体が全くない大きなスリット空間内の全般にわたって帰還電流が分布していることが認められます。これは空間を流れる変位電流が作る磁界が観測されているもので、空間に放射します。

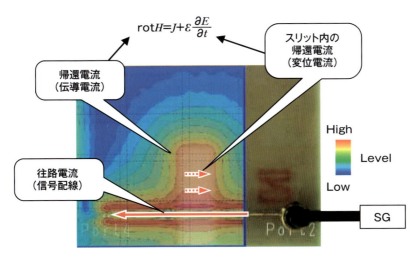

**図 7-7** PCB内の伝導電流と帰路電流 （作成：筆者）

つまり、自動車の車体などにおける床板部分の合わせ目ではこれと同じことが起きます。このことは実際のスポット溶接された床板相当のもので実験／確認済みですが、これは顧客に関わるデータなのでここでは割愛します。

ちなみに、スポット溶接部分やねじ止め部分の直流抵抗については、ここでは計測データの詳細には立ち入りませんが、測定法を紹介します。

図7-8は4端子法によるスポット溶接部分の直流抵抗を測定している状態を表しています。

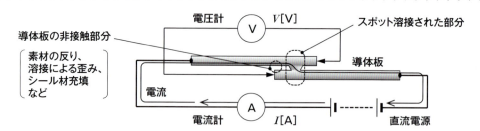

**図 7-8** ４端子法による接続部分の抵抗計測（作成：筆者）

　この測定において電圧計をわずかでも電流路となる部分に接続すると、導体板の直流抵抗を減じなければならないので面倒になります。電圧計のプローブは、できる限り導体板の電流路とはならない部分に接触している必要があります。**図7-8**のように計測すれば、接合された該当部分の値を（一般的に内部抵抗が非常に大きい）電圧計によってほぼ直読でき、このときの抵抗値は $V/I$ [Ω] となります。このように測定すると、スポット溶接部分1個当たりで約 $200\mu\Omega$ 前後であることが確かめられます。これはねじ止めにおいても似たような値でした。

　以上、上記の[1]と[2]より、ワイヤハーネスは金属筐体、すなわちシャーシや車体に極力近づけると、コモンモードノイズの放射が少なくなります。コモングラウンドとなるグラウンドプレーンや筐体などに継ぎ目がある場合には、ワイヤハーネスは極力溶接などによる接続部分の極近の位置に配索すると、コモンモードノイズの授受に対して有利になるといえます。

### 7.1.2　ワイヤハーネスの実際

　続いて、ワイヤハーネスなどの実際の形態について見ていきます。

　**図7-9**はパソコンや携帯電話などの情報機器の内部で回路基板間を接続している配線の例を示しています。

　伝送路を確定しなければならない高周波信号の伝送には、**図7-9 (a)** のように同軸ケーブルが使用されています。一方で、微小なアナログ信号用などの外部環境からの保護を必要とするノイズに敏感な配線には、**図7-9(a)〜(c)** のようにシールド線が使用されています。

　また、同軸ケーブルやシールド線の基板への接続には、**図7-9 (a)** と **図7-9 (b)** のように同軸コネクターを使用した慎重な扱いをしているものや、**図7-9 (c)** のようにコネクター部分で内外部導体を分離させて2本の配線として扱っているものもあります。通常の信号線や電源線などは、**図7-9 (a)** のように多数の信号線が印刷されたFPCや、**図7-9 (b)** のように普通のAV電線がそのままコネクターに接続されたり、**図7-9 (c)** のように束線したワ

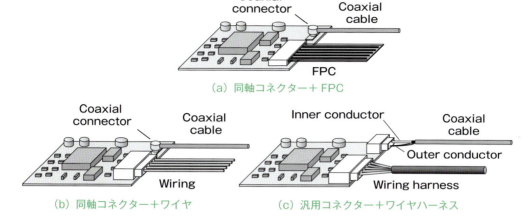

図 7-9 情報機器などにおける各種基板間接続ワイヤ（作成：筆者）

イヤハーネス状であったりと様々です。一般的に、同軸ケーブルやシールド線は他の一般配線と別扱いになっている場合が多いといえます。

**図7-10**は自動車の車体内部や産業機器の操作器内部において電気・電子機器間を接続するための**ワイヤハーネス**の例を示しています。

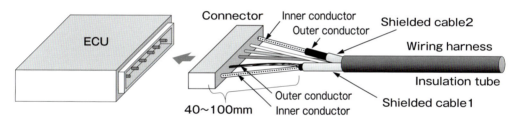

図 7-10 産業機器や自動車における機器間接続用のワイヤハーネスの一例（作成：筆者）

　自動車の場合、高級車の内部では60個以上の電子機器、100個以上の小型モーター、および、これらに付随する多くのセンサーが搭載されており、それらが多くの配線によって接続されています。

　さすがにラジオやテレビなどの受信機のアンテナ線用の同軸ケーブルは別扱いになりますが、システムを構成する機器間の配線群はもちろん、ときには近隣の他システムの配線も含めて、基本的に**図7-10**に示すようなワイヤハーネスの形態をしています。このワイヤハーネスを構成する配線は、普通はビニール被覆のAV電線です。しかし、中には通信用のツイストペア線が含まれる場合もあり、センサーなどにつながるシールド線などもよく含まれています。

　これらのワイヤハーネスは、自動車ではシステム主幹となる完成車メーカーが設計し、ワイヤハーネスメーカーが製造することになります。その設計過程や製造過程によって対ノイズ性能が左右されます。

例えば、シールド線を例にとると、シールド線1のようにコネクター部分において内外部導体の露出部分が大きいのは、自動機側からの要請によるものです。ワイヤハーネスメーカーが多くの配線をコネクターに接続し、ワイヤハーネスとして組み付ける際にこの露出部分を使用するのです。

一方、シールド線2のように外部導体の電子制御ユニット（ECU）への接続がないのは、他端で接続されているからよいだろうというシステムや機器側の設計の意図によるものです。

以下、対ノイズ性能を意識した上で各線材を見ていくことにします。

## 7.2　対ノイズ性能を意識した配線材

これまでの事項を踏まえて、ここでは、配線材そのものの電気的特性から、使用する際の**対ノイズ性能**について考えていくことにします。

### 7.2.1　平行2配線による電磁遮蔽の原理

**図7-11**は往復電流の流れる平行2線における磁界の放射の様子を表しています。

往復配線では電流が途中で他へ分流することがなければ**図7-11 (a)**の実配線表現に示すように、往路電流の作る外部磁界と帰路電流の作る外部磁界の大きさは同じで、向きが逆です。配線が密着していれば、配線上のどの位置においても往復磁界は打ち消し合うことになるはずです。

ところが、図から分かるように、電線はビニールなどによる絶縁被覆で覆われているので完全に密着することは不可能です（そもそも、導体同士が完全に密着すると往復配線はショート状態になってしまいます）。すなわち、この往復配線系は**図7-11 (a)**の回路表現で示すように、面積$S\,[\mathrm{m}^2]$の極めて細長い空芯コイルを形成しています。そのため、**図7-11 (b)**に示すように往復配線の間の磁界が最強で、往復配線の左右の外側では配線から遠ざかるのに従って、それぞれの逆向きの磁界が打ち消し合って急激に減衰します。要するに、こうした形で配線の外部に磁界が放射するのです。

ここで、平行する往復2配線の性質などについて簡単にまとめると次のようになります。

(1)平行な2配線に往復電流が流れる系は交流磁界をある程度抑制する能力があり、配線間隔が小さいほど磁界の外部へのばらまきは低減します。すなわち、ある程度交流磁界に対する遮蔽能力があるということです。

(2)ただし、(1)の**交流磁界抑制効果**は往復電流、つまりノーマルモードの電流に対してのものです。2線を同じ向きに流れるコモンモード電流に対しては全く抑制効果がありません。

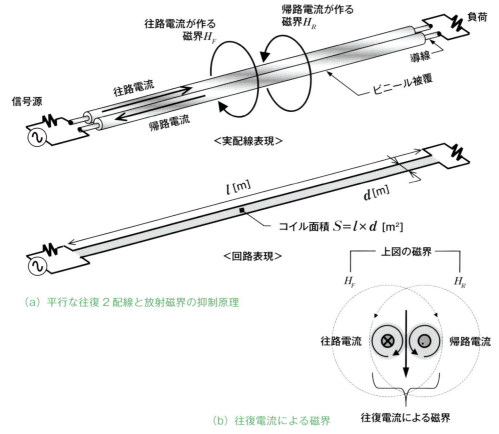

**図7-11** 平行な往復配線の電磁遮蔽効果（作成：筆者）

(3) この配線は系全体が電磁遮蔽されていないので、電界に対する遮蔽の能力はありません。

おおむねこのようになっています。特に、実配線においては(1)は重要です。

このように、裸線であっても往復電流が常にペアになっていると交流磁界を放射しにくい（すなわち、受信しにくい）ということは定性的には理解できても、実際にペアとすることによる効果は分かりにくいので、実製品の設計においては意外に疎かにされているようです。

**図7-12**はこのことの一例を表しており、実製品においてもよく見掛けるものです。

**図7-12 (a)** は回路基板間の接続用のワイヤにグラウンド専用線を設けている例です（もう一方の回路基板は省略）。ただし、このグラウンド線がどの信号配線の帰路電流路を想定しているのかについては、よく分かりません。単に回路基板のグラウンド間を接続しているだけのようにも思えます。

**図7-12 (b)** は回路基板のグラウンドパターンを金属シャーシにしっかりと接続してこれを帰路電流路とするので、専用のグラウンド線は設けないという考えのものです。これもよく見掛けるもので、考え方に一理あるようにも思えます。しかし、同じコネクターに接続

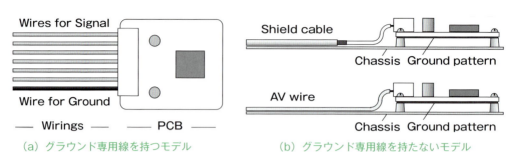

図7-12 ▶ グラウンド専用線を持つモデルと持たないモデル（作成：筆者）

されて並走している他の配線との間でシャーシが共通グラウンドとなるばかりか、一見無関係と思われる全く別のワイヤハーネスとも共通グラウンドになる恐れがあります。そのため、全体をよく見なければならないと考えられます。以下、これらについて考察してみましょう。

**図7-13**は上記の事柄を踏まえ、グラウンド専用線の働きを確認するための実験モデルです。グラウンド専用線を設けることによる磁界の他配線への拡散を抑制する効果はストレートに評価しにくいので、ここでは配線間クロストーク測定の形で他配線への漏洩性として評価しています。

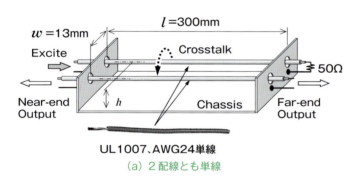

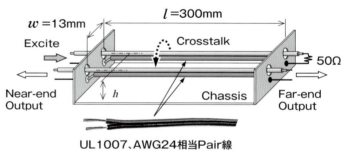

図7-13 ▶ 平行な往復配線の電磁遮蔽効果（作成：筆者）

この図は、「コ」の字形の金属シャーシ(底面 $t=4$mm、側面 $t=2$mmの真ちゅう板)の両側面にそれぞれSMAコネクターを装着し、コネクターの中心導体間に信号配線を接続したも

のを2組用意して構成したものです。その上で、一方の配線を励振したときに、もう一方の配線へクロストークした結果である漏洩出力を、配線のシャーシ底面からの高さhを変えた場合について測定し、それをもって配線の電磁遮蔽性能として評価するモデルを表しています。この図にはありませんが、近端側の出力を測定する際には遠端側を50Ωで終端し、遠端側の出力を測定する際には近端側を50Ωで終端します。また、図7-13(a)と図7-13(b)の違いは次の通りです。

図7-13(a)では信号配線は励振側、被クロストーク側のどちらも単線であり、それぞれの帰路電流路はシャーシのみの共通グラウンドとなります。

図7-13(b)では配線は励振側、被クロストーク側のどちらもペア配線であり、ペアの一方を信号配線、もう一方をグラウンド専用線とし、グラウンド専用線は両端ともSMAコネクター直近のシャーシ側面に接続しています。帰路電流はグラウンド専用線と共通グラウンドとなるシャーシとに分流し、この系は2組の配線ともそれぞれ2点接地を構成することになります。

これら図7-13(a)と図7-13(b)のモデルのクロストークを測定した結果が図7-14です。この結果をひとまず全体的に概観すると次のことがいえます。

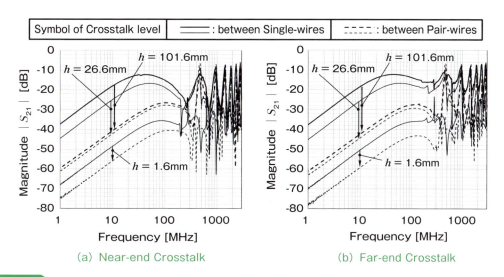

図7-14　単線間とペア線間の配線間クロストーク（作成：筆者）

周波数が200MHz程度以下の場合には、近端側出力と遠端側出力のいずれにおいても信号配線間クロストークは信号配線がシャーシ底面から遠ざかるほど大きくなり、それぞれの配線に専用グラウンド線を設けると抑制されていることが分かります。しかし、周波数が200M～300MHz程度以上になると、配線の共振の影響で何ともいえなくなります。配線高さ$h$=101.6mmのとき、約470MHzの周波数において単線の場合よりもペア線の場合のほ

185

うがクロストークが逆に大きくなってしまっているのは、信号配線の共振にグラウンド専用線の共振が加算されるためだと考えられます。

高い周波数では配線が共振してしまい、個別にそれ相応の対処が必要になります。ここではこの配線系の基本的な性質をよく表している低い周波数領域についてもう少し詳しく見ていくことにします。

図7-15は、10MHzにおける信号配線のシャーシ底面からの高さと配線間クロストークの関係を示したものです。この図から次の[1]〜[3]のことがいえます。

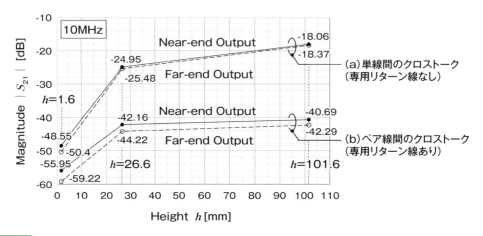

図7-15 ▶ 配線間クロストーク $|S_{21}|$ の配線高さ依存性（10MHz時）（作成：筆者）

[1] 信号配線が単線およびペア線のいずれの場合も、配線が共通グラウンドとなるシャーシから少し離れると配線間クロストークは急激に増大します。しかし、その後の増大は緩やかになることがこの変化を見て推測されます。

[2] 信号配線に密着する専用グラウンド線を設けると、配線間クロストークは抑制されます。配線が共通グラウンドとなるシャーシから離れるほど専用グラウンド線による**配線間クロストーク抑制効果**は顕著に大きくなり、その抑制効果はこのモデルにおいては以下のようになります。

・シャーシから101.6mm離れている場合には、その抑制効果は遠端側の出力において−23.92dB（約1/16）にもなります。これは2組の配線の両方を同時に単線からペア線に変えている場合の効果なので、それぞれの配線の放射、または感受性の抑制効果は半分ずつになり、単独の放射に対する抑制効果は約−12dB（1/4）になるということです。

なお、専用グラウンド線を設けたものは2点接地となり、ノイズ源側の配線でいうとグラウンド側を帰還する帰路電流は専用グラウンド線とシャーシに分流してノイズ源に帰還することになります。この場合、専用グラウンド線のような細い導線よりもシャーシの

ほうが断面積が圧倒的に大きいので、帰路電流は大部分がシャーシ経由で帰還してもよさそうに思えます。

　ところが、この結果ではそうはなってはいません。遮蔽効果が−12dBということは、他の配線との共通グラウンドであるシャーシを帰還する電流が1/4に減るので、帰路電流の3/4がわざわざ細い直流抵抗の大きいグラウンド専用線経由で帰還しています。高周波電力は往復配線間の空間が電磁場として運ぶので、より近い導体を相方の帰路として選び、電磁場の広がる範囲を小さくしようとするのです。

・配線がシャーシに対して密着状態に近い$h$=1.6mmのものであっても、専用グラウンド線を設けると配線間クロストークは遠端側出力において8.82dB抑制されています。これも前記と同様に専用グラウンド線を設けることによる抑制効果はあり、単独ではほぼ4.4dBとなります。この抑制効果が配線高が高い場合ほど大きくないのは、信号配線とシャーシが近いためにもともと電磁場の広がりが小さかったことによります。

[3]専用グラウンド線の有無にかかわらず、信号配線がシャーシに近づくほど配線間クロストークによる近端側出力と遠端側出力の差が大きくなります。これは配線がシャーシに近づくことにより、信号配線−シャーシ間の寄生容量が大きくなるためです。

　以上の結果からいえることをまとめると、次の(1)〜(3)となります。

## （1）平行な往復配線の基本的な性質

　これについては次の2つのことがいえます。

①シールドされていない電磁的に丸裸の配線であっても、平行に配置されて往復電流が完全ノーマルモード（ディファレンシャルモード）で流れているペア配線は交流磁界に対する遮蔽能力があります。また、その遮蔽能力は往復配線の間隔が小さいほど大きくなります。これは配線間距離での実験例としては示していませんが、単線−シャーシ間の距離依存性からも明らかです。

②ただし、ペア配線を完全に密着させることはできないので、必ず磁界の漏れは残り、特に配線間面積の法線方向に残ります〔**図7-11(b)**〕。

## （2）グラウンド専用線を付加した場合の配線間クロストーク抑制効果

　ノイズの発生源を持つ信号配線やノイズに対して敏感な信号配線には、密着したグラウンド専用線を設けて、回路としてできる限り小さく閉じた状態にします。これより、上記①の原理によるノイズ拡散に対する抑制効果が発生します。

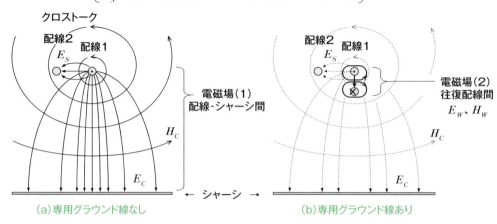

**図 7-16** 専用グラウンド線の有無と電磁場の分布（作成：筆者）

このことを電場の分布として見たのが**図7-16**です。

**図7-16(a)**は、配線1と2が共に帰路電流路をシャーシで共有する場合の電磁場の分布を表しています。配線1が作る電磁場1のうち配線2に鎖交する部分がクロストーク要因になります。配線1を流れる電流による磁界が、配線2が形成するコイルに鎖交し、配線1→配線2へ向かう電界による電流が配線2経由でノイズ源である配線1のグラウンドに帰還します。このことは、共通グラウンドが必ずしもシャーシではなく配線群の中の共通グラウンド線であっても原理的には同じことです。

**図7-16(b)**は配線1にグラウンド専用線を追加したときの電磁場の広がりを示しています。この場合、配線1の往復電流による電磁場2の広がりは、グラウンド専用線が配線1に密着するほど狭くなって強度が強くなるため、その分だけ図に示すように配線1-シャーシ間の電磁場1が低減します。従って、配線2へのクロストークは抑制されることになります。

この見方で実配線を表す**図7-12(a)**の例で見てみると、グラウンド線のすぐ上の配線くらいしかこの抑制効果の恩恵に授かれないといえます。

**(3) 信号配線をシャーシに密着させた場合のノイズ抑制効果**

回路基板間を接続する信号配線を両基板の共通グラウンドとなるシャーシに密着させることは、**図7-16(a)**に示す配線1による電磁場の広がりが小さくなるため、ノイズの送受信抑制において有利です。**図7-16(b)**の例においては、あえてこのようにするのであれば、配線をシャーシに密着させるべきです（図に描いていないもう一方の基板グラウンドがシャーシに接続されていることが前提）。

この項における結論はおおむね上記であり、ノイズ源となる配線からの放射の抑制やノイズに敏感な配線を守るのに**専用グラウンド線**を設けることは非常に有効であるといえます。ただし、上記の(1)と(2)では、往復電流がノーマルモードであることが前提です。(3)ではペアとなる専用グラウンド線がない場合には、信号配線を流れる電流は全部の量がコモンモードになってしまいます。また、上記の結論(1)の②に記述している欠点を補おうとしたのが次に述べるツイストペア線です。

## 7.2.2　ツイストペア線による電磁遮蔽の原理

　**図7-17**は**ツイストペア線**における交流磁界の放射と受信の抑制の様子を表しています。

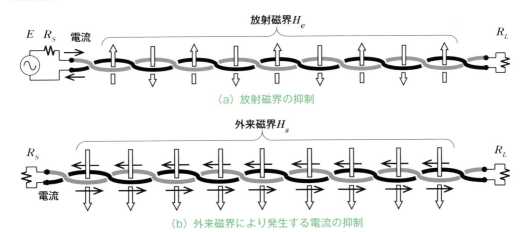

**図7-17**　ツイストペア線の電磁遮蔽効果

　往復配線はもちろん密着状態でツイストさせているので、導体間の隙間は連続した絶縁被覆の厚みであり、実際の配線においては腹部と節部の明確な区別があるわけではありません。しかし、説明上、図ではこのように腹部と節部として描いています。このように考えると、ツイストペア線はねじりピッチ間が独立した1回巻きのコイルの集合体であるとみなすことができます。

　このようにツイストさせると、**図7-17(a)**に示すように1つひとつの腹部より発生する磁界は、隣り合った部分でそれぞれ逆向きになります。そのため、巨視的に見れば隣同士で打ち消し合うことになり、配線全体からの放射磁界は抑制されることになります。

　また、外部磁界が到来した場合には**レンツの法則**が働き、1つひとつのコイルとみなせる腹部を通過する磁界に対し、反発磁界を作ろうとして配線に電流が発生しようとします（電磁誘導）。しかし、**図7-17(b)**に示すように隣り合った腹部の発生電流は反対向きになって打ち消し合うので、配線全体には電流が発生しないことになります。

　以上はツイストペア線による電磁遮蔽の基本原理です。低い周波数においては前記の巨

視的に見た場合の理屈が当てはまります。しかし、周波数が高くなると波長が短くなるので、腹部が徐々に平行2線に近づいていくことになります。従って、高周波の場合にはツイストのねじりピッチを小さくする必要があります。

では、これをどこまで小さくすればよいのでしょうか。一般的には、この線を通過する通信信号で考慮しなければならない最高周波数、または、使用される電磁環境において考慮しければならないノイズの最高周波数に対して1/20波長まで小さくするというのが目安とされています[12]。これくらいが我慢できる限界と考えてよさそうです。

なお、このツイストペア線はあくまでも往復配線が同格である平衡伝送用のものであり、配線の電位は回路グラウンドやシャーシなどの共通グラウンドの電位を0Vとすると、一方の配線は＋1/2Vであり、もう一方の配線は－1/2Vの差動で使用するものです。従って、この往復配線の一方を共通グラウンドに接続すると、この接続部において**平衡不平衡変換**が適切になされていないことになり、この部分で大きな反射が発生して、せっかくの電磁遮蔽性能が損なわれてしまいます。この配線は原則フローティング状態で使用しなければなりません。

また、このツイストペア線による電磁遮蔽は、あくまでもノーマルモード電流に対してのものです。そのため、**図7-18**に示す往復配線に実線で示す同じ向きに流れるコモンモード電流があると、これら2本が1本の線状アンテナと同じことになり、他へのノイズとして放射してしまいます。また、他からの放射ノイズを1本の線状アンテナとして受信してしまい、これが図の破線で示すコモンモード電流となって回路に混入してしまいます。

このコモンモード電流による放射と受信を抑制するために、配線全体をアルミニウム箔などでできた外部導体で覆ってシールドする目的のツイストペア線を**STP**（Shielded Twist Pair-wire）といい、シールドのないツイストペア線を**UTP**（Unshielded Twist Pair-wire）といいます。

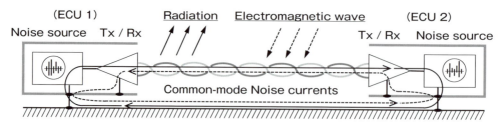

**図7-18** UTP線におけるコモンモード雑音電流の流れ（作成：筆者）

STP線では外部導体のグラウンド処理が必要ですが、その使用は難しく、**図7-19**ではその評価の一例を示しています。

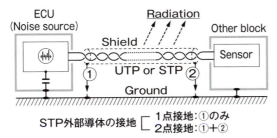

(a) UTPとSTPからの放射比較のモデル

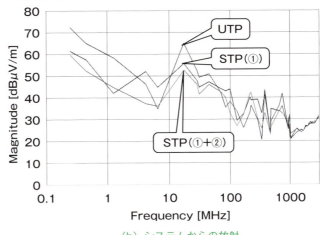

(b) システムからの放射

**図 7-19** UTP線とSTP線からのコモンモード放射の一例（作成：筆者）

　配線は3m程度ある長い配線です。これを見ると、放射レベルは周波数の低い領域では一部の共振部分を除いて、UTP線よりも外部導体を接地したSTP線のほうが、STP線の外部導体の接地も1点接地よりも2点接地のほうが良い傾向にあるように思えます。しかし、100MHz程度以上の周波数においてはどれが良いともいえなくなってしまっています。この場合、まずシールドの接地①についていえば、その行き先は図に示すように、ただ安定したグラウンドであると思われるグラウンドプレーンや金属筐体に接続すればよいというものではありません。原理的にこのコモンモード雑音電流は不平衡モードであり、シールドの接地①の場所は不平衡→平衡への変換を行う通信ICのグラウンドの直近にすべきであることは、雑音電流の流れを表す**図7-18**から考えてみれば明白です。接地②もこれと同様です。

　なお、放射ノイズはコモンモード放射なので、ツイストペア線であってもまとめて単芯のシールド線として考えればよいのです。シールド外部導体の接地や配線端部における剥き代（内外部導体の分離部分の大きさ）などの及ぼす影響は非常に大きく、それらについては**7.2.3**および**7.3**で考察を行います。

### 7.2.3　シールド線による電磁遮蔽の原理

**図7-20**は**シールド線**による電磁遮蔽の原理を示しています。

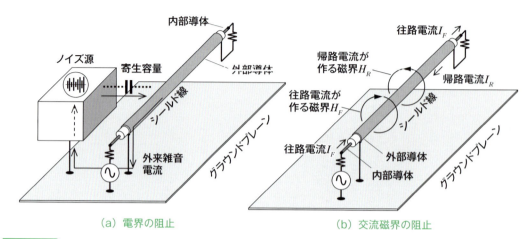

(a) 電界の阻止　　(b) 交流磁界の阻止

**図 7-20**　シールド線による電磁遮蔽の原理（作成：筆者）

**図7-20 (a)**ではイミュニティー（EMS）の場合で、**図7-20 (b)**ではエミッション（EMI）の場合で説明していますが、この原理はイミュニティーでもエミッションでも全く同じです。また、両方ともシールド線の使用において、昔から原理的に正しいといわれている外部導体の片端側のみをグラウンドに接続する1点接地で表しています。シールド線の**電磁遮蔽**の原理は次の2つです。

まず、**図7-20 (a)**に示すようにグラウンドに接地された外部導体によって内部の信号配線を守る**電界遮蔽**です。これが一般的には分かりやすいといえます。

もう1つの遮蔽の役割は、**図7-20 (b)**示すように磁性体でも何でもない外部導体が交流磁界の遮蔽を行っていることです。これは内部導体を流れる往路電流の全てが外部導体経由で帰還することが前提になっています。これにより、往路電流と帰路電流がそれぞれ外部に作る磁界が同じ大きさで向きが逆で、さらに両方の磁界が同軸であることにより、この限りにおいては原理的に完全に交流磁界の遮蔽を行っています。これが本来定義された1点接地です。オーディオなどにおいては基本中の基本であり、その主な目的は商用電源である50/60Hzの周波数（いわゆるハム雑音）の混入を抑制して、S/N比を確保することにあります。

ただし、ごく特殊な状況を別として、一般家電製品において低周波ノイズしか考慮する必要がなかった時代にはこれでよかったといえますが、様々な周波数の高周波ノイズで満ちあふれている現代においては、このシールド線の扱いは相当難しいと言わざるを得ません。次節では、このシールド線の使用について考えます。

## 7.3 シールド線の電磁遮蔽効果

シールド線は、単に電磁遮蔽用の外部導体を持った同軸形態の配線のことをいいます。高周波信号の伝送を目的としてはいないので、特にその特性インピーダンスは仕様に明記されていません。

これに対し、同軸ケーブルは特性インピーダンスが規定されている高周波信号伝送用のシールド線のことです。「3D-2V」や「5C-2V」などと表現されています。ここで「3」や「5」は外部導体の内径を示しており、「D」は通信機器などに用いられている特性インピーダンスが50Ωであるものを、「C」はテレビのアンテナ線などに用いられている特性インピーダンスが75Ωであるものを指しています。また、同軸ケーブルは普通にシールド線と表現されているものよりは伝送特性と電磁遮蔽性能が優れているものが普通です。しかし、ここでは特に特性インピーダンスを話題にする場合を除いて、両者を区別しません。この条件で次の**7.3.1**に示すように、要因が対ノイズ性能に及ぼす影響について考えていくことにします。

### 7.3.1　シールド線の端部処理と外部導体の接地

**7.2.3**におけるシールド線の電磁遮蔽の原理はあくまでも原理です。実使用に当たっては、配線接続を行うためには同軸コネクターを使用する場合以外では、内部導体と外部導体とを分離しなければなりません。また、外部導体を回路基板のグラウンドやシャーシなどに接続して使用するのであり、これらを適切に考慮して使用しないとシールド線の電磁遮蔽性能を思うように発揮させることは難しいといえます。

**図7-21**は各種シールド線のモデルとその伝送特性の測定結果を示しています。

測定対象としたモデルは、シールド線(同軸ケーブルも含む)の両端部のSMAコネクターへの接続部分である内外部導体分離部分が8mmずつで、全長が216mmである線種①～③と、比較参考用としての計測器用の同軸ケーブルである。

測定結果を見ると、以下の(1)～(3)がいえます。

(1)特性インピーダンスが規定されていない①のAV機器のイヤホン用などに使用される細いシールド線について、入力部における反射を表す$|S_{11}|$が最も大きく、通過を表す$|S_{21}|$が最も小さくなっています。これは特に高周波用を意図した配線材ではないものの、②と③の同軸ケーブルと比べて高周波性能が良くない結果であり、このことは線材の能力の違いを表しています。

(2)同じ同軸ケーブルであり、太さの異なる②と③では、太い③のほうが良さそうに思われ

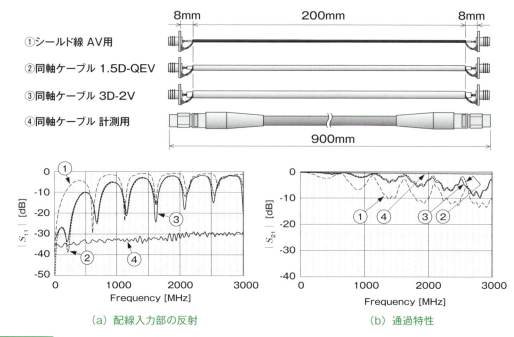

**図 7-21** 比較対象とした同軸線（作成：筆者）

ます。しかし、伝送特性の違いはほとんど見られません。

(3) 計測器用の同軸ケーブルである④は、反射特性も通過特性も共にその伝送特性は広い周波数範囲において他よりも安定して優れています。線そのものの遮蔽性能の違いはあるにしても、同軸コネクターにより内外部導体が分離しない同軸構造であることが要因として大きいと思われます。

これらにより、シールド線の線種による違いについては慎重に選定する必要がありますが、それ以上に線の両端部における内外部導体分離部分（以下、剥き代とも表現）の影響が大きいことが推察されます。

次に、シールド線における外部導体の接地に関わる問題と対応について考えてみます。

**図7-22**は、**車載用無線通信機**における自動車への搭載状態と雑音電流の流れを表しています。

少し古い事例ですが、この無線機は、制御回路とマイクロホン用の増幅器を持った操作部を運転席の近くに設置し、外形サイズの大きな無線機本体を後部のラゲッジスペースに搭載するタイプです。

この試作機を自動車に搭載して通話試験を行うと、通話の相手側から「貴局の送信信号には音声に時々ヒュルヒュルという音が混入する」と指摘されました。調べると、この原因

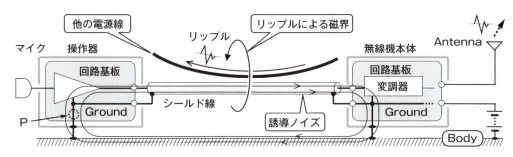

**図7-22** リモコンタイプの無線機のシールド線に流れる雑音電流と対策例（作成：筆者）

は後部のブレーキランプにつながる配線を流れる12V電源に重畳していたオルタネーター（発電機）の**リップル**にありました。オルタネーターの近くを並走していた無線機のシールド線にそのリップルが誘導し、変調回路に混入して無線出力として送信されていたことによるものでした。従って、この現象はブレーキランプが点灯したときに「時々」起きるものでした。

**図7-22**を見れば分かるように、このシステムの不具合原因は、マイクロホンの音声信号が流れるシールド線の外部導体が、両端とも車体に接続される2点接地になっていたことにあります。これにより、シールド線の内部導体も外部導体も共に1ターン（1回巻き）のコイルになっており、これら2つのコイル内にオルタネーターノイズによる磁界が鎖交して電磁誘導したことで異音が発生したのです。

この不具合は、**図7-22**のP点の位置でグラウンドを切断し、信号配線のループを断ち切ることで完全に解消しました。

この対策は、シールド線の外部導体の接地が定義通りの1点接地になったことで解決しました。これにより、操作器の回路グラウンドが金属筐体内でフローティング状態になるため、高周波のノイズ環境が格段に厳しくなった現代においてはあまり勧められません。その理由は6章で述べた通りです。別の形でも後述しますが、この場合の対策としては、音声用のシールド線を元の2点接地のままとし、車体に密着した状態でブレーキランプ用の配線からできる限り遠ざけるほうがよいと考えられます。

このように、シールド線の端部における内外部導体の露出部分の存在そのものと、外部導体の接地方法は難しい問題です。前者については7.3.2で、後者については7.3.3で考えることにします。

### 7.3.2 シールド線端部の内外部導体分離部分の影響

**図7-23**は、同軸ケーブルにおける内外部導体の分離部分の長さが電磁遮蔽能力に及ぼす影響を調べるためのモデルを示しています。

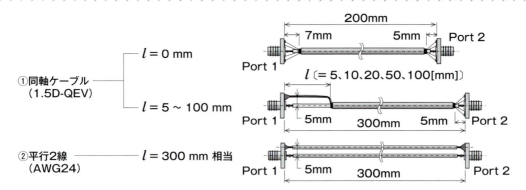

**図 7-23** シールド内外部導体分離部分の長さが及ぼす影響を調べるモデル（作成：筆者）

図に示す配線は全て、両端を計測機接続用のSMAコネクターに接続しており、それぞれ以下のようなサンプルになっています。

### [1]同軸ケーブル

(a) $l=0$ の場合

負荷側と励振側のどちらの端部も外部導体である銅線（Cu）の網線を全周均等にほぐして内部導体を包み込み、極力同軸状態（不平衡状態）を保つようにコネクターのグラウンド側に接続して、これを内外部導体分離部分の長さ$l=0$としています。配線全長はこのみ200mmです。

(b) $l=5～100$mmの場合

負荷側においては(a)と同じ同軸形状の処理とし、励振側のみを分離した配線の中心間隔5mmで平行関係（平衡状態）を保ち、剥き代の長さを5～100mmまで変えています。また、配線のコネクター間における全長は全て300mmとしています。

### [2]平行2線

米国ワイヤゲージ規格「AWG24」相当のビニール被覆銅線（通称AV線）を使用し、同軸ケーブル(b)と同じ長さ300mmにして、2配線の中心間隔も同じ5mmとしています。

これらのサンプルについて、(1)の(b)配線の特性インピーダンスを確認した上で、以下、伝送特性と放射について確認を行うこととします。

### 同軸ケーブルにおける内外部導体分離部分の特性インピーダンス

内部導体の露出部分の長さが最も短い$l=5$mmと、最も長い100mmの両極端の場合につ

いて、**TDR**（Time Domain Reflectometry：**時間領域反射率測定法**）測定によって特性インピーダンスを比較確認した結果が**図7-24**です。この図は$l$=5mmの場合を基本として示していますが、配線全長の電気長が異なる$l$=100mmの場合を入力部分の位置を合せて重ねています（配線の全長300mmという物理長が同じであっても、導体の露出部分の長さにより誘電体層の占める部分の長さが異なることによって配線の電気長が異なる）。

$l$=5mmの場合を見ると、内外部導体分離部分における**特性インピーダンス$Z$**のピーク値は$Z\cong 124\,\Omega$を示しています。

$l$=100mmになると、内外部導体分離部分における特性インピーダンス$Z$のピーク値は$Z\cong 264\,\Omega$にもなっています。

この結果を見ても、内外部導体の分離部分の存在は同軸ケーブルの伝送特性や放射において配線の性能をかなり低下させるであろうことが推察されます。

これらと比べて、負荷側で同軸形態を保っている接続部分では、その特性インピーダンスは約59.3Ωです。計測系と同軸ケーブルの特性インピーダンスである$Z_0$=50Ωにも近いので、以後、同軸形態を保っている接続部分は比較対象から外すことにします。

次に、ここでの全サンプルの伝送特性を見てみることにします。

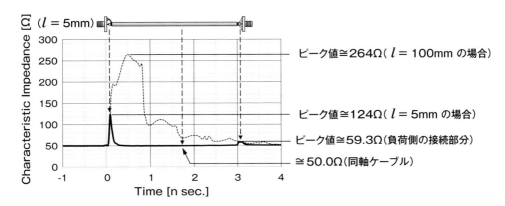

**図7-24** 端部において内外部導体を分離させた同軸ケーブルの特性インピーダンス

## サンプルの伝送特性

**図7-25**は、**図7-23**に示す全サンプルの伝送特性をネットワークアナライザー（E5071C）によって周波数10MHz～3GHzの範囲で測定した結果です。

これにより、おおむね以下の①～④がいえます。

①$l$=0mmの場合

同軸ケーブルの端部の処理が同軸形状を保って接続していますが、同軸コネクターで接

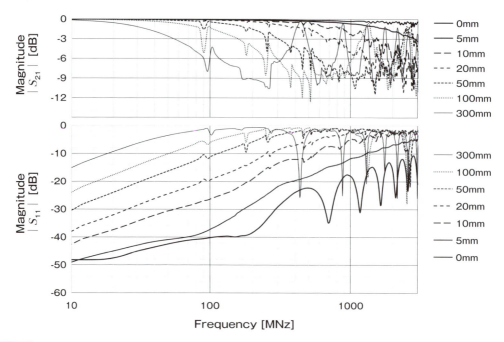

**図7-25** シールド内外部導体分離部分の長さが伝送特性に及ぼす影響（作成：筆者）

続していないため、その部分の特性インピーダンスが50Ωより大きい分だけ不利になります。それでも、通過を表す｜$S_{21}$｜は全周波数範囲においてほぼ-1dB以内に収まっています。反射を表す｜$S_{11}$｜も-10dB以下です。この状態であれば低周波～3GHzまで電磁遮蔽性能を維持していることが推察されます。

② $l$=300mmの場合

これは全長において全くシールドされていない極端なケースですが、比較対象として知っておく必要があるため評価に加えています。この場合は線路の特性インピーダンスは、全長にわたって$l$=100mm部分と同程度の260Ωくらいの大きさであると思われます。｜$S_{21}$｜は55MHz以上で-3dB以下、つまり通過電力が1/2以下になってしまい、｜$S_{11}$｜は20MHz以上で-9.5dB以上、つまり電圧と電流が1/3以上反射してしまいます。300mmの平行2線では高周波での使用は難しいことが分かります。仮に1MHz程度の信号で動作できていても、その高調波は大きく反射することになり、ノイズとして放射するであろうことが推察されます。

また、この場合には励振側と負荷側の両方ともインピーダンスは大きく不整合になっているので共振しやすくなり、その特性はアンテナに近づきます。図7-25に示すように反射も通過も$\lambda/2$ごとにスポット的に良くなりますが、こうした現象にだまされて、意外に使えるなどと考えないことが肝要です。

③ $l$=100mmの場合

│$S_{21}$│は160MHz以上で−3dB以下になってしまい、│$S_{11}$│は54MHz以上で−9.5dB以上になってしまいます。**図7-10**に示すワイヤハーネス中のシールド線は、こうした状態であるということです。この配線にセンサーの微弱な信号を受けるような敏感な回路が接続されている場合には、外来電磁波の影響を受けやすい状態であるともいえます。


④ $l$=10〜50mmの場合

実使用においてはこのケースが多いと思われます。**図7-25**を見ても分かるように、剥き代が大きくなるのにしたがって徐々に③に近づいていき、高周波では最終的にシールドでない②に近づきます。


このように、内外部導体分離部分（剥き代）が大きくなると、その伝送特性は悪化して**図7-25**に示すように徐々にシールドではない平行2線の特性に近づいていきます。

次に、これらの配線からの放射を見てみましょう。


## サンプルとした配線からの放射

**図7-26**はこれまでサンプルとしてきた配線が作る磁界を近傍電磁界可視化装置（森田テックのEMCノイズスキャナー）によって可視化した結果を表しています。検出用プローブは磁界プローブを使用し、その検出用コイル面を配線の上空約5mmの高さでスキャニングを行って、その測定対象の近傍磁界を検出しています。つまり、その測定対象を流れる電流を見ているというわけです。電流素片が見えるということは、そこから電磁波として放射するということです。つまり、そこが受信アンテナになっているということでもあります。そういう目で図を見てください。

図を見ると、66MHzと300MHzのどちらにおいても平行2線の場合には線路全長にわたってそこを流れる電流が見えているのは、シールド構造になっていないので当然です。

一方、同軸ケーブルの場合には周波数や剥き代のサイズにかかわらず、内外部導体分離部分における近傍磁界がはっきりと観測されているのは、内部導体が露出しているからです。

注目すべきは、剥き代が大きくなるほど外部導体で覆われている同軸本体部分からの放射が見られることです。66MHzよりも300MHzのほうが剥き代が小さい場合でもはっきりと認められ、特に300MHzでは $l$=100mmになると配線全長にわたって外部導体が全く無い平行2線に近い状態になっていることが分かります。つまり、剥き代が大きくなり対象とする周波数が高くなると、外部導体で覆われて内部導体が保護されているはずのシールド線本体部分が徐々にシールド線ではなくなっていくということです。

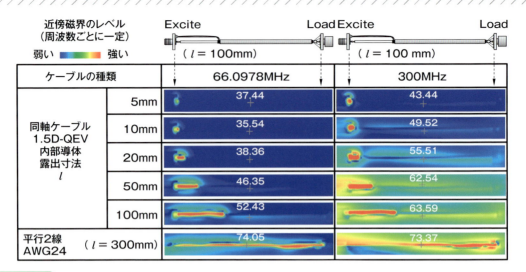

図7-26 ▶ 評価モデルにおける近傍磁界の可視化結果（作成：筆者）

　シールド線において内部導体に往路電流が流れると、その途中、および先の負荷での分流がなければ、全量が帰路電流として外部導体の内側を流れて信号源に帰還し、外部から電流が見えないということがシールド線の**電磁遮蔽**の原理です。ここで配線端部において平行2線に接続されると、そのつなぎ目で帰路電流が分流し、外部導体の外側に流出するようになります。これがシールド線本体部分の電磁遮蔽性能の劣化ということになります。

　また、この分流によって平行2線を流れる帰路電流が減るので、この往復電流のアンバランス分がコモンモード電流として平行2線部分からの放射も増えることになります。このように、平衡（分離部分）－不平衡（同軸線本体部分）変換が適正になされないことによる分流により、シールド性能は劣化します。その様子を描いたのが**図7-27**です。

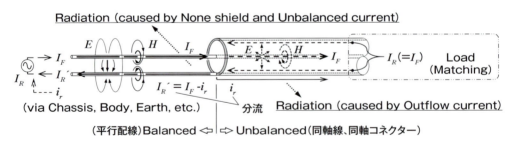

図7-27 ▶ 平衡不平衡変換による帰路電流の外部への流出（作成：筆者）

　一方、剥き代が大きくなるほど、剥き代の部分の**特性インピーダンス**が上昇し、シールド線本体部分との境目における反射が大きくなって、シールド線の外部導体の外側にあふれ出る電流が増えます。これにより、シールド線の本体部分の電磁遮蔽性能が劣化していきます。

これらは、低い周波数で動作させて評価している分には気が付かないことですが、その取り扱っている信号がデジタル信号としての矩形波である場合には、その高次高調波が同軸線から放射されるということです。また、高周波の外来放射ノイズを同軸ケーブル本体が受信してしまうということでもあります。

　シールド線を剥いて使用する場合にはこのことを理解した上で、使用する周波数の上限と高調波の放射、外来高周波としての放射ノイズの受信について意識して設計を行うべきです。

　次に、この剥き代に伴うシールド線の性能劣化を改善する方法について検討を行ってみましょう。

## シールド線の剥き代の存在による伝導と放射の抑制検討

　**図7-28**は内外部導体分離部分において、伝送特性の改善と放射抑制の検討を行った実験モデルを示している。

　この実験モデルの狙いは2つあります。せめて低い周波数範囲であっても、まず、内外部導体分離部分の上昇した特性インピーダンスをいくらかでも低下させることにより、反射を抑制できないか確認すること。そして、平衡不平衡変換部分におけるシールド外部導体への分流分をいくらかでも低減できないか確認することです。

　図中において、①は露出部分がないものを、②は内外部導体分離部分が100mmのものを表しています。③は分離部分の大きくなってしまった特性インピーダンスを少しでも低下させる目的で小容量のキャパシターを追加したものを、④は外部導体を内部導体に対して対象な位置に1本追加し、剥くことによって平衡線路になってしまった分離部分のグラウンド線への帰路電流をいくらかでも流れやすくすること（いくらかでも不平衡線路に戻せることを）を狙ったものを、それぞれ示しています。

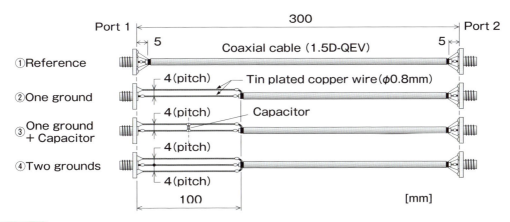

図7-28　剥き代の影響を少なくする目的の検討用モデル（作成：筆者）

なお、③についてはあまり大きな容量のキャパシターを付加すると、その部分がローパスフィルターとなって高い周波数が通過できなくなってしまいます。そこで、まずは適当な小容量のものを装着してみます。

　**図7-29**は、これらのモデルについてPort 1励振に対する伝送特性を測定した結果を示しています。

　この結果を見ると、おおむね以下のことがいえます。

①のモデルでは、測定した全周波数帯域で反射は-12dB以下、通過は-1dB以内に収まっており、電磁遮蔽効果は十分であると考えられます。

②のモデルでは、反射では83MHzで-9.5dB（電流の1/3が反射）、通過では250MHzで-3dB（通過電力が1/2）になります。

③のモデルにおけるキャパシターの装着による反射の改善度合いは、5pFの場合で220MHz以下の周波数で1〜2.8dB程度であり、20pFの場合で220MHz以下の周波数で8〜16dBであることが見て取れます（測定系による100MHzにおける共振部分は除く）。また、通過特性を見るとローパスフィルター型となり、装着する容量が大きいほどその変曲点が低い周波数になるため、反射特性では分からないものの、高い周波数が通過しにくくなっていることがはっきりと分かります。

④のモデルでは、③の場合と同じ周波数範囲における反射の改善度合いは4dB程度ですが、

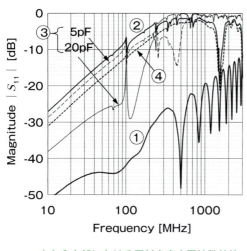
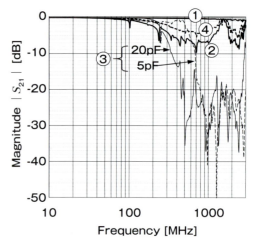

(a) 入力部における反射を表す周波数特性　　(b) 通過を表す周波数特性

**図7-29** 配線モデルの伝送特性（作成：筆者）

定性的にはもっと高い周波数まで安定的に②の状態から改善していることが見て取れます。また、通過特性においてはローパスフィルター型とはならず、②の場合よりも広い周波数範囲で安定的に通過しやすくなっていることが分かります。

これらを見ると、キャパシターによる改善は低い周波数における限定的なものであり、グラウンド増設によるほうが反射においても通過においても、広い周波数範囲において安定して改善しているようにも見えます。

次に、これらの配線からの放射を近傍磁界測定によって観測した結果が図7-30です。

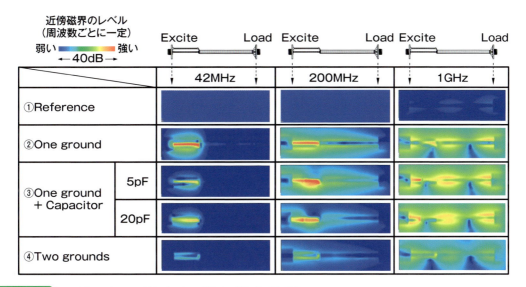

図7-30　配線モデルの近傍磁界観測結果（作成：筆者）

この図を見ると、以下のことが分かります。

・42MHzの場合、②における同軸ケーブル本体からのわずかな放射は、③も④も共に抑制されており、内外部導体分離部分からの放射は④が最も抑制されています。

・200MHzの場合、同軸ケーブル本体からの放射は③の20pFと④とで抑制されており、同軸本体部分と導体分離部分のどちらからの放射も④の場合が最も抑制されています。

・1GHzの場合、同軸部分と内外部導体分離部分のどちらからの放射についても抑制効果がはっきりと認められるのは④のみです。

これらの配線について配線長手方向中央部における近傍磁界強度を比較したのが図7-31です。これを見ると、これらの配線の中で放射のレベルが最も改善されているのは、明らかにグラウンド線を1本追加したものです。広い周波数範囲にわたって8〜15dB安定的に抑制されています。

なお、検出結果は200MHz程度以下の周波数では12dB/Octaveに近い変化を示していますが、ここで使用している磁界プローブの検出感度は周波数に比例しているので（6dB/

Octave)、配線からの放射はほぼ周波数に比例します（6dB/Octave）。この傾きを参考までに図中に表記しています。

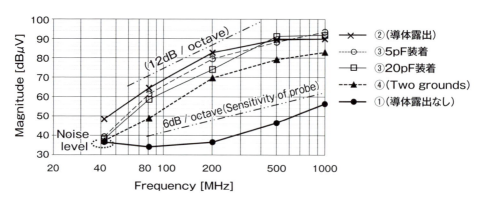

**図7-31** 配線の長手方向中央部における近傍磁界強度の比較（作成：筆者）

以下、この配線モデルの内外部導体分離部分について、せめて低い周波数で構わないので、同軸ケーブルと整合させるための条件を求めることと、**平衡不平衡変換**の不適当な部分をさらに改善できないかということの両方について、もう少し詳しく検討してみることにします。

### （1）特性インピーダンス調整の検討

**図7-32**は**図7-28**の②と③における内外部導体分離部分の詳細を表しています。内部導体と外部導体には、双方とも直径0.8mmのスズめっき銅線を接続し、線間ピッチを約4mmに保って平行に配置しています。この同軸ケーブルの特性インピーダンスは50Ωですが、内外部導体が分離している部分は当然50Ωではないので、この部分の特性インピーダンスを算出してみます。

まず、式(7.1)によって$l$=100mmの部分の往復インダクタンス$L$を求めると、約87.89nHが得られます（高周波ノイズは導体表面を流れるとして導体内部磁界に関係する右辺最終項の$\mu_r/4$項は省略）。なお、ここでは詳細は割愛しますが、内部導体が同軸内に収まっているときの同じ長さにおける往復インダクタンスは25nH程度です。

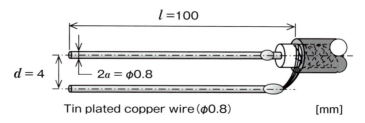

**図7-32** 内外部導体分離部分の詳細寸法（作成：筆者）

$$L = \frac{\mu_0\, l}{\pi}\left\{\ln\left(\frac{d-a}{a}\right) + \frac{\mu_r}{4}\right\}\ [\mathrm{H}] \qquad (7.1)$$

次に、式(7.2)から$l$=100mm部分の線間容量$C$を求めると、約1.265pFが得られます。

$$C = \frac{\pi \varepsilon_0\, l}{\ln\left(\dfrac{d-a}{a}\right)}\ [\mathrm{F}] \qquad (7.2)$$

内外部導体分離部分の長さ$l$が100mmと短く、対象となる周波数をMHz以上とすると、この場合はほぼ無損失線路と考えてよく、その特性インピーダンス$Z$の大きさは、上記の$L$値と$C$値のみを用いて式(7.3)から求めると、約264Ωの大きさになることが分かります。

$$Z = \sqrt{\frac{R+j\omega L}{G+j\omega C}} \cong \sqrt{\frac{L}{C}}\ [\Omega] \qquad (7.3)$$

この部分と50Ωである同軸ケーブル本体との間で不整合になるために反射が起きます。そして、同軸ケーブルの外部導体の内側を帰還していた電流が、反射によって外側にあふれ出すために図7-26に示すような状態になるのです。

そこで、反射を少なくするためには、この分離部分の特性インピーダンスを同軸線本体部分の大きさに近い所まで下げる必要があります。そのためには、式(7.3)を見れば分かるように、内外部導体が分離することによって大きくなってしまった$L$の値を小さくするか、小さくなってしまった$C$の値を大きくするしかありません。

$L$値を小さくするためには、往復電流が流れる内外部導体を可能な限り接近させなければなりません。しかし、2線間である以上、同軸形態の場合のような低い値にはとても近づけそうもないので、これは難しいといえます。

一方、$C$の値を大きくすることも幾何学的な対応は実現に当たっては$L$の場合と同様に難しいのですが、この場合には2線間にキャパシターの追加検討を行うことができます。

そこで、必要とされる静電容量Cを式(7.3)を変形した式(7.4)を用いて$Z_0$=50Ω、$L$=87.89nHとして求めると、$C \cong 35.156$pFが得られます。

$$C = \frac{L}{(Z_0)^2}\ [\mathrm{pF}] \qquad (7.4)$$

導体分離部分の線間容量は前記の通り1.265pFなので、この導体分離部分の特性インピーダンスを50Ωにしようとすると、現状では33.89pF不足していることになります。そこで、この程度の容量付近と前後する容量のキャパシターを導体分離部分の中央部に装着した場合における伝送特性と放射を確認してみると、以下の結果が得られます。また、デカップ

リングの目的で使用する1000pFの場合も参考として評価しました。

図7-33は、以上に述べた配線の伝送特性(伝達周波数特性)をネットワークアナライザー(E5071C)によって測定した結果を示しています。

入力部分の反射を示す図7-33 (a)を見ると、装着したキャパシターの静電容量が15pFから増大させると、200MHz以下の周波数においては容量の増大に伴って反射が低減し、2.5M～110MHz程度の範囲では27pFの場合が最も反射が少なく、2.5MHz程度以下では39pFの場合が最も反射が少なくなります。算出した33.89pFはこの間の値であり、ほぼ妥当であるといえるでしょう。

さらに静電容量が大きくなると反射は増大に転じ、69pFでは装着していない状態よりも

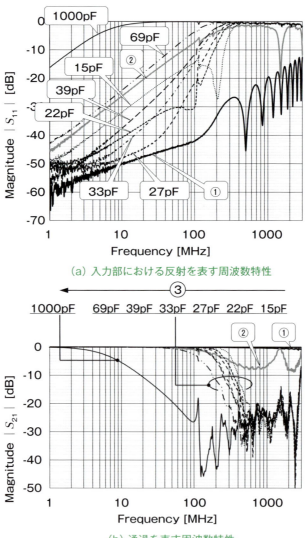

(a) 入力部における反射を表す周波数特性

(b) 通過を表す周波数特性

図7-33 剥き代の影響を少なくする目的の検討モデルの伝送特性 (作成：筆者)

反射が大きくなってしまいます。1000pFの場合には20MHz以上でほぼ全反射です（この場合にはここでの目的とは異なりますが、デカップリングの役目は十分に果たしています）。

一方、通過を表す図7-33(b)を見ると、キャパシターの装着はローパスフィルターを形成することになり、容量が大きくなるのに従って通過域の周波数範囲が狭くなっていきます。39pFの場合、通過の3dB低下点は180MHz程度です。

通過する信号がそれほど高速である必要がなければ、キャパシター装着による改善でもよいかもしれません。しかし、キャパシターによる改善は広範囲の周波数領域にわたるものではありません。

## (2) 平衡不平衡変換部分における改善検討

図7-34は、同軸ケーブルの内外部導体分離部分においてグラウンド線を増やすことにより、伝送特性と放射に及ぼす影響がどの程度改善するのかを確認するモデルを示しています。

内外部導体が分離しているものの、グラウンド線は図に示すように4本まで増やしており、側面図においてはグラウンドの本数を明示するために、3本目と4本目の線はわざとずらせて描いています。しかし、一角法で描いているSMAコネクターへの接続状態が示すように、配線の関係は全て対称形状としています。

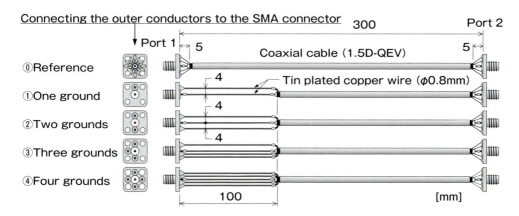

図7-34　剥き代部分におけるグラウンド線を増設したモデル（作成：筆者）

この⓪および①〜④のモデルの伝送特性を測定した結果が図7-35です。

図の入力部における反射を表す図7-35(a)を見ると、グラウンド線が1本である①と比べて、1本追加した②のものは3.5dB程度反射が低減しています。しかし、それ以上追加しても、その低減効果は2dB以下とわずかです。

通過を表す図7-35(b)を見ると、グラウンド線を追加すると、周波数特性の形は変わらず、ボトム部分である約700MHzの周波数における通過損失は3〜5dB程度改善して通過しやすくなっていることが分かります。

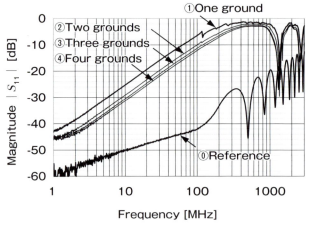

(a) 入力部における反射を表す周波数特性

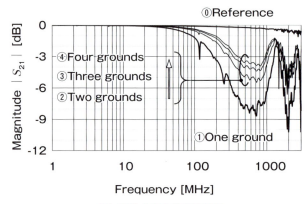

(b) 通過を表す周波数特性

**図7-35** グラウンド線を増設した場合の伝送特性（作成：筆者）

　伝送特性を見る限り、グラウンド線の増加によって反射も通過もある程度改善されてはいるものの、これがどの程度ノイズ放射の抑制に寄与しているのかは分かりにくいので、次に放射を見てみることにします。

　**図7-36**は、これらの配線を励振した場合の近傍磁界を可視化した結果を表しています。これを見ると、内外部導体分離部分からの放射はもとより、外部導体で覆われている同軸本体からの放射も、グラウンド線の増設によってかなり抑制されていることが分かります。

　この同軸線の長手方向300mmの中央部（図のP点）における近傍磁界の大きさを比較しているのが**図7-37**です。

　図を見ると、内外部導体分離部分のグラウンド線は、本数が増えるほど放射の抑制に寄与していることが分かります。低い周波数から1GHzまでの広い範囲で同軸本体からの放射は安定的に8～12dB抑制されています。このことから、微弱なアナログ信号などが通るシールド線においては、非常時に備えてワイヤハーネスのコネクターにおいて、外部導体をも

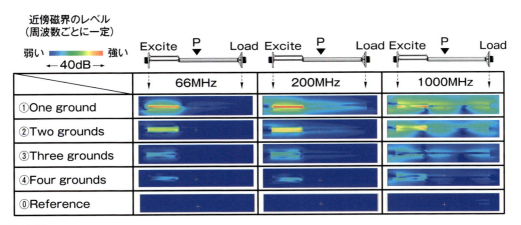

図 7-36　配線モデルの近傍磁界観測結果（作成：筆者）

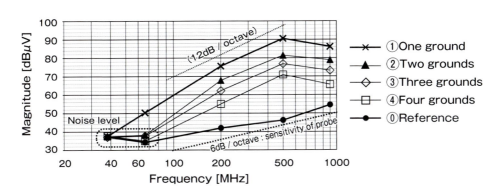

図 7-37　配線の長手方向中央部における近傍磁界強度の比較（作成：筆者）

う1本増設できるように内部導体を挟んだ隣をグラウンド用の空き端子にしておくとよいかもしれません。

　結局、キャパシターの装着によって低い周波数範囲で構わないので特性インピーダンスを50Ωに近づける方法よりも、グラウンドを増設するほうが広い周波数範囲で伝送特性も放射も改善されるということがいえます。

### 7.3.3　シールド線外部導体の接地処理の影響

　シールド線を使用する場合、外部導体を共通グラウンドである回路グラウンドやシャーシ、金属筐体、車体などに対して**1点接地**とするか、あるいは**2点接地**とするかが、よく議論の対象になります。さらに、シールド線の外部導体に電流を流してはならないという意見まで出る場合があります。

　**図7-38**は車体に設置された2組のシールド線の配線間クロストークの様子を想定したものです。シールド線はどちらも2点接地です（これらのシールド線はパワー系の電流路であることを想定）。

こうした場合に、2点接地であると図の(※)印部分のグラウンド線がノイズを吸い上げるので、2点接地は良くないのではないかということがしばしば話題になります。また、放射や感受性が規格から大きく外れている場合に、グラウンド線を外すとこのノイズ問題はいくらか軽減されることがあります。しかし、まだ規格内に収まるというわけではないので、どうしたらよいかという話をよく耳にします。こうしたことから、シールド線の外部導体に電流を流すのは良くないという話につながると思われますが、果たしてそうでしょうか。

ここまで読み進めれば、次のことに気付くと思います。この場合にはシールド線の端部において、内外部導体を分離した部分のサイズが大き過ぎ、分離部分とシールド線本体部分との間の反射が大きくなる。そのため、シールド外部導体の外側に帰路電流があふれ出し、シールド線の本体部分における放射と感受性の問題が発生する(図のCrosstalk 1)。と同時に、大きなコイルともみなされる内外部導体分離部分からディファレンシャル放射を行う。加えて、ここを流れる往復電流がアンバランスになることにより、分離部分からもコモンモード放射を行うようになる(図のCrosstalk 2)と。

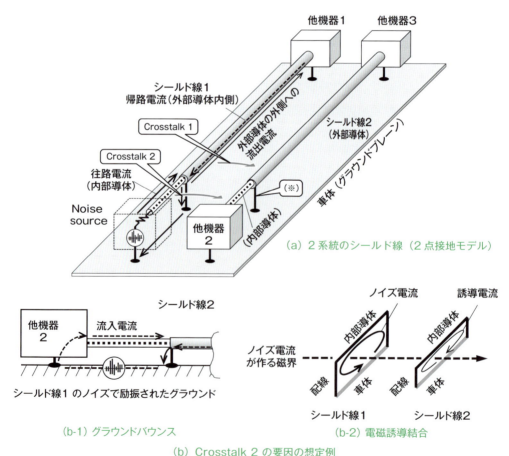

図 7-38　2点接地された2組のシールド線間のクロストーク（作成：筆者）

シールド線の接地については様々な経験論が存在していますが、ここでは外部導体の接地について整理した上で、実験結果を踏まえて前記の話題に対して考察してみます。

**図7-39**はシールド線における外部導体の2種類の**1点接地**と**2点接地**、及び電流の流れと往復電流が作る磁界について表しています。

図においてシールド線の内部導体を流れる往路電流が作る磁界を$H_F$、外部導体を帰還する帰路電流が作る磁界を$H_R$で表しています。

また、本来の1点接地は図の「1点接地(1)」ですが、あえて「1点接地(2)」も考察に入れたのには理由があります。民生機器において一般に真空管増幅器しか普及していなかった時代には、小信号回路で負荷抵抗値が極めて高い電圧モデルであることが多かったことと、外部導体の処理が煩雑であることなどにより、これが実際に多用されていたからです。

加えて、シールド線の外部導体に電流を流してはいけないという考え方にとらわれている事例を目にすることが多いからという理由もあります。半導体全盛である現代においては、一部のセンサーなどのように高インピーダンス回路の場合を別として、基本的に回路のインピーダンスが前記と比べて大幅に低く、電流モデルで考えることが普通となってきているにもかかわらずです。

**図7-39**のモデルについて考察からいえることを**表7-1**にまとめました。

この表においては、主に電磁妨害（EMI：エミッション、放射）について記していますが、これらのことは電磁感受性（EMS：イミュニティー、受信、被害）についても全く同じです。

例えば、1点接地(1)についてはエミッションで説明していますが、ここに外来磁界が現

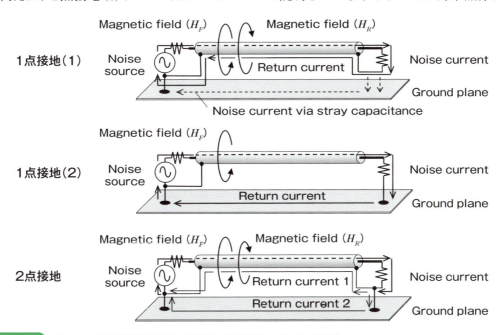

**図7-39** シールド線外部導体の1点接地と2点接地（作成：筆者）

**表 7-1** シールド線の接地における対ノイズ性能の考察

| | | 基本原理と特徴 | 弊害（または追記） |
|---|---|---|---|
| 1点接地（1） | 電界 | グラウンドに接地された外部導体が内部導体を電界から守る | 負荷側の回路が接地されない<br>⇒ 系全体が$\lambda/4$共振しやすい |
| | 磁界 | 往路電流は全て外部導体の内側を経由して帰還<br>⇒ $H_F$と$H_R$が打消し合うので磁界の外部への放射がない | 負荷−グラウンド間で寄生容量を介して高周波電流が流れる<br>⇒ 高周波では寄生容量により2点接地が形成されてしまう |
| 1点接地（2） | 電界 | グラウンドに接地された外部導体が内部導体を電界から守る | 外部導体が1点接地になるので$\lambda/4$共振しやすい<br>⇒ 系全体の共振に加算される |
| | 磁界 | 外部導体に帰路電流が流れない<br>⇒ $H_R$ができないので磁界は全て外部へ放射する | 交流磁界に対する遮蔽効果は全くない |
| 2点接地 | 電界 | グラウンドに接地された外部導体が内部導体を電界から守る | シールド両端部が接地される<br>⇒ 系全体が$\lambda/2$共振しやすい |
| | 磁界 | 帰路電流が外部導体とグラウンドに分流する<br>⇒ $H_F$と$H_R$の差分が放射する | 内部導体配線も外部導体配線も1回巻きのコイルになるのでノイズの送受信をしやすい |

れても、原理的に電磁誘導による電流が発生することはありません。内部導体の系統と外部導体の系統は、どちらも1回巻きのコイルを形成していないのでレンツの法則は働かないからです。

　これを見ると、1点接地（1）が最も良さそうです。実際、前掲した車載無線機の事例においては、この接地方法にして解決しており、オーディオ分野においては依然としてこれが主流となっています。しかし、現代の多岐にわたるおびただしい高周波の電磁環境下においては、必ずしも良いとはいえません。

　現代では回路は高速化し、自分自身が扱う周波数自体が極めて高い周波数まで広範囲に及んでいます。他からの外来雑音も同様で、寄生容量（または浮遊容量）の影響が非常に大きくなってきています。そのため、ここで改めて各接地状態について実験結果を基に確認と考察を行いたいと思います。

　**図7-40**は1点接地（1）から2点接地、および3点接地の系全体からの放射を近傍磁界の可視化によって確認した結果を示しています。

　この図において、確認モデルは**図7-40(a)**に示すように、外部導体が円筒形状の銅（Cu）製であるリジッドタイプの同軸ケーブルに負荷抵抗（1608チップ型）を接続して、ほぼ整合状態です。負荷接続部分の内部導体をほぼ1.5mm露出させているのは、1点接地（1）の場合に負荷部分とグラウンド間のわずかな寄生容量の影響により、高周波で2点接地化することを確認するためです。

　このモデルで、同軸ケーブルのグラウンドプレーンからの高さ$h$が1.6mmと10mmの2通りの場合について、外部導体のグラウンドプレーンへの接地を図に示すように1点から3

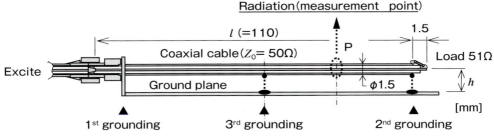
(a) 確認モデル（同軸ケーブル部分のみ断面図）

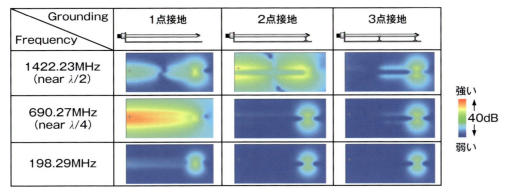
(b) 近傍磁界可視化結果

**図 7-40** 1点接地～3点接地における確認モデルと近傍磁界可視化結果（作成：筆者）

点まで変化させてケーブルを含む系全体からの放射の確認を行った。

**図 7-40 (b)** は近傍磁界の分布に関して $h$=10mm の場合について示しています。近傍磁界の測定結果は電流分布を表しており、これを見ると以下のことが分かります。

① 1点接地の場合
- 690.27MHz における電流分布は接地されている同軸ケーブルの根本で最大で、先端の負荷部分で最小になっており、λ/4共振をしていることが分かります。
- 1422.23MHz において電流分布は同軸ケーブル中央部分で最小、かつ両端部分で最大であり、λ/2共振をしていることが分かります。この理由は**表7-1**のコメント（弊害）で示すように、この系が同軸ケーブルの根本部分でしか接地していない1点接地であるにもかかわらず、負荷部分の寄生容量を経由する高周波電流が流れることにより、電流ループができて、レベルは低いものの2点接地が成立していることによります。

② 2点接地の場合
- 690.27MHz におけるλ/4共振はなく、1422.23MHz において初めて共振が現れます。これは確定的なλ/2共振です。

③3点接地の場合
・グラウンドへの非接地部分の長さが同軸ケーブル全長の1/2になったため、1422.23MHzまでの周波数による共振は全く見られません。

これらを、**図7-40 (a)**の「P点」における近傍磁界のCSVデータを用いて、同軸ケーブルの外部導体表面のP点を流れる電流の周波数特性として6GHzまで比較したのが、**図7-41**です。
この図を見ると、おおむね次のことがいえます。

①1点接地の場合

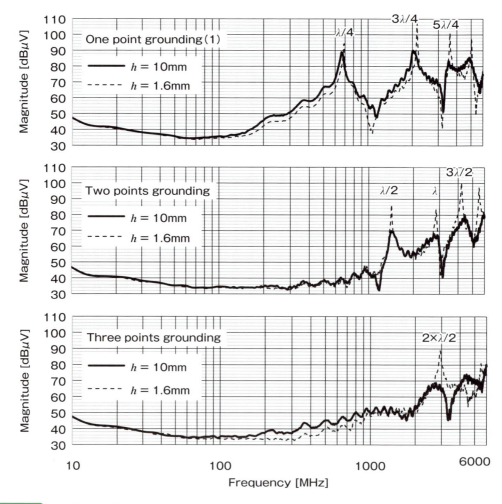

図7-41　同軸ケーブル表面上のP点を流れる電流の周波数特性（作成：筆者）

・1点接地におけるメジャーな共振はλ/4とその奇数次の高調波です。1点接地における λ/2共振はP点でのレベルが大きくないので、周波数特性として確認できるほど顕著な ものではありません。ただし、ここでの確認で分かりにくいからといっても、寄生容量 によるλ/2共振の影響は厳然と存在しているので、注意を要します。

②2点接地の場合
・原理的に、最初に現れる共振は**λ/2**共振であり、周波数が高くなれば、その整数倍の高 調波は全て存在していることが分かります。

③3点接地の場合
・同軸ケーブルの1/2の長さをλ/2とする共振から始まり、その整数倍の高調波が存在して いることが分かります。

　なお、グラフでは極大値は反共振と呼ぶべきかもしれません。しかし、そこでは磁界が極大、 つまりそこを流れる電流が極大となっています。そこに他へのノイズとなり得る電流が流 れていれば、そこからの放射が極大になるということなので、ここではあえて共振といっ ています。
　また、この①〜③でいえることは、少なくとも高周波ノイズの放射と受信に関しては、 多点接地にするほど最初に現れる共振の周波数が高くなっています。少なくとも1点接地(1) の場合には、最初に現れる共振が同じ長さのケーブルであっても、最小の周波数になると いうことです。信号源と負荷部分がどちらも接地されていることを前提とした場合においては、 その間を多点で接地するほど、最初に現れる共振の周波数をどんどん高い周波数領域に追 いやることができるといえます。
　なお、配線高さ*h*が低いと負荷部分がグラウンドに近づくので、そこでの寄生容量が大 きくなります。そのため、共振部分のレベルは大きいものの、共振点以外では放射のレベ ルは低いことが分かります。実際のシステム設計においては、負荷部分がシールドされて いれば、配線高さは低いほうが有利であるといえるでしょう。また、このように放射に影 響する寄生容量を低減させるための電磁遮蔽は、帰路電流の不連続部分を修復するような 場合と比べて容易であることを付記しておきます(こうしたケースでは、放射さえ抑制でき ればグラウンド接続の難しさなどは関係ないからです)。
　次に、残されたモデルである1点接地(2)について、外部導体を全く接地しないものも含 めて確認してみることにします。
　**図7-42**はシールド線における1点接地(2)のノイズ抑制効果を、2点接地のものと、外

部導体が無接地のもの、シールド線ではない普通の電線と比較するための実験モデルです。

この図において、実験ベンチは100mm四方のCu板の対向する両端部にSMAコネクターをはんだ付けによって装着し、その内部導体にそれぞれの線材の信号線を接続しています。加えて、ビニールテープを用いて全長部分をグラウンドプレーンであるCu板に密着させています。また、シールド線の測定時にはコネクターと信号線である内部導体の接続部分は、そこからの直接的な放射を抑制するために導電性テープで覆っています。

また、負荷は50Ωで終端し、信号の励振はスペクトラムアナライザーの掃引発信機（Tracking generator）を用いて、配線の近傍磁界を磁界プローブで検出した信号をスペクトラムアナライザーで受信しています。

図7-43は上記モデルにおいてプローブを走査（Scanning）し、グラウンドプレーンよりも走査高さが高くなるコネクター近傍のみを避けた範囲における近傍磁界の分布を確認した結果を示しています。

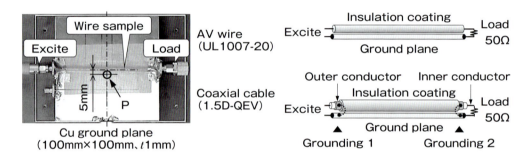

図7-42　同軸ケーブル外部導体接地の有無とイレギュラーな接地を確認するモデル（作成：筆者）

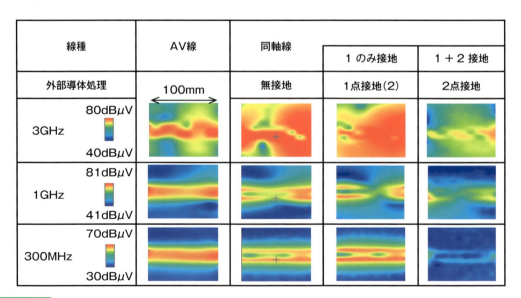

図7-43　ノイズ分布の可視化確認結果（作成：筆者）

この図を見ると、300MHzと1GHzの場合にはグラウンド上を帰還する電流は信号配線の近くに集まっており、3GHzではグラウンドの共振が目立つようになることが分かります。以下、特徴的なことを記述します。

・300MHzの場合
　2点接地の場合、シールド線両端部においてSAMコネクター接続部分における7～8mm程度の内外部導体露出部分の存在により、電磁場がシールド線内部のみならず内部導体‐グラウンドプレーン間にも出来てしまいます。その分、電磁遮蔽能力は低下していることが認められます。それでも、他のサンプルと比べると圧倒的に電磁遮蔽の能力があることが確認できます。
　無接地のものと1点接地(2)のものは、電磁的に丸裸であるAV電線と変わらず、交流磁界に対する遮蔽能力がないことが見て取れます。

・1GHzの場合
　配線接続部からの回り込みの影響が大きくなり、近傍磁界の分布は300MHzの場合と比べて乱れてくるものの、まだ300MHzで見られる特徴は踏襲されています。

・3GHzの場合
　2点接地の場合、電磁遮蔽能力はかなり低下しています。それでも、他のサンプルと比べるとシールド線としての能力が保持されていることが分かります。
　無接地のものは外部導体の共振が、1点接地(2)のものは負荷端で開放になっている外部導体の共振による盛り上がりが、それぞれグラウンドプレーンの共振に加算されて、どちらも放射はAV電線よりも大きくなってしまっています。特に、この中で近傍磁界(つまり電流)の大きい部分の広がりが最も大きいのが1点接地(2)です。

　おおむね以上ですが、ここで、**図7-42**のベンチに示す「P点」における近傍磁界の周波数特性を見たのが、次の**図7-44**です。
　これを見ると、1点接地(2)のものは、コネクター接続部における剥き代部分と銅箔テープなどとの寄生容量により、少し周波数が下がってはいます。しかし、λ/4とその奇数次高調波による共振をしており、無接地シールド線も同様に周波数が下がってはいるものの、λ/2共振をしていることが認められます。この共振部分を除くと、2点接地以外のシールド線のサンプルの近傍磁界で見られる放射の抑制の能力については、AV電線と変わらないことが分かります。

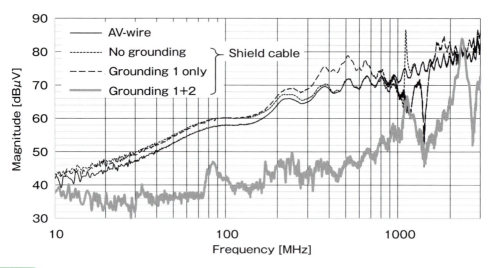

**図 7-44** 配線中央部付近（図7-40におけるP点）の周波数特性（作成：筆者）

なお、AV電線よりも前二者のほうが、レベルが少し大きいのは、シールド線の場合、同軸構造によってAV電線よりも外径が大きくなり、その分だけ信号線である内部導体がグラウンドプレーンから遠ざかっていることによると考えられます。そのため、高周波における電磁遮蔽の基本性能は変わらないといえます。

さて、ここで検証しているサンプルがノイズ放射源となった場合に、他の配線にどの程度クロストークするかを把握しておくとよいと思います。

**図7-45**は、この配線間クロストークを確認するのに使用した評価ベンチを表しています。

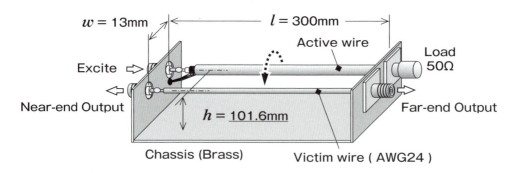

**図 7-45** 配線間クロストークの測定ベンチ（作成：筆者）

このベンチは、ノイズ源を想定した信号励振側の配線と、被害側を想定した被クロストーク側の配線とを並走させ、車体や金属筐体を想定した真ちゅう製シャーシを2配線の共通グラウンドとしています。

**図7-46**は励振側の配線のサンプルを示しており、AV電線を含めて4種類あります。シールド線と外部導体の接地条件は**図7-42**と同じものです。なお、被クロストーク側の配線

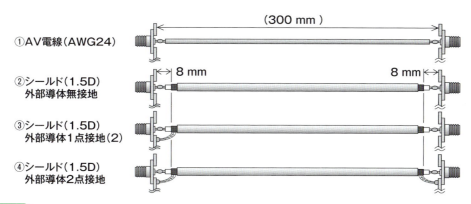

図7-46 評価対象とした配線（作成：筆者）

は励振側のAV電線と同じものです。

図7-47は、これらのサンプルを装着したときの配線間クロストークの測定結果を比較して表しています。

この結果を見ると、2配線間のクロストークは、全体を概観すると、近端側出力も遠端側出力も共に励振側のシールド線が2点接地であるものが最も小さく、他は全てAV電線と変わらない結果になっています。すなわち、図7-43の結果をそのまま反映していることがうかがえます。

1点接地(2)（図中の③）のもののみ、共振によるボトムの部分が近端出力側と遠端出力側とで大きく異なっているのは、励振側と負荷側とで電界の関係が異なっているからでしょう。励振側と被クロストーク側の配線間隔は13mmであるため、配線間は電磁誘導結合によるものが支配的要因であるとはいうものの、これはクロストークそのものを見ているので、電界結合の要因も入っています。

さて、高周波の電力伝送の観点で見ると、AV電線とシールド線の外部導体が無接地のものと、1点接地(2)のものでは、全面的に信号配線とシャーシ底面との間の空間でTEM伝送が行われています。励振側の配線と被クロストーク側の配線のどちらも、互いに共通グラウンドとなるシャーシ底面を信号配線の相方として、その間の空間を電力伝送しているので、配線間クロストークが大きくなるのです。従って、無接地と1点接地(2)のものは、測定結果のグラフが示すように、少なくとも1M～400MHzの範囲においてシールド線の外部導体が全く電磁遮蔽の役にたっていません。

一方、2点接地のものでは、伝送電力の一部が配線両端部の内外部導体分離部分との境目で反射することにより、内部導体とシャーシ底面との間をTEM伝送する成分ができています。これが電磁遮蔽性能劣化の原因になるのです。ただし、それでも、帰路電流の大部分はTEM伝送における電磁場を最小にしようとして、シールド外部導体の内側を経由し

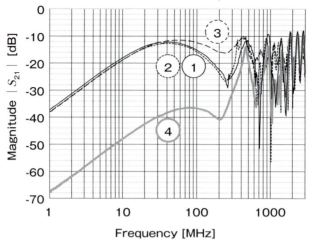
(a) 近端側のクロストーク出力

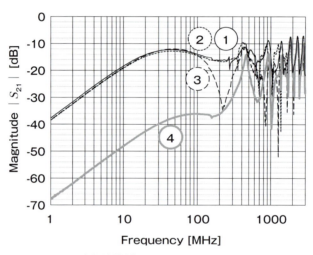
(b) 遠端側のクロストーク出力

**図7-47** 接地状態の異なるシールド線からのクロストークの測定結果（作成：筆者）

て帰還します。そのため、帰路電流のシャーシへの分流分は思ったよりも小さく、実験結果が示すように2点接地であっても、電磁遮蔽性能がAV電線のような丸裸の線路と比べて30dB程度維持できているのです（この事例の場合には、シャーシへ分流する電流は全帰路電流の1/30程度であるといえます）。

ここでいえることは、シールド線の外部導体は帰路電流を流して使用すべきであるということです。他の要因による遮蔽性能劣化対応として必要以上に外部導体を弄ぶべきではありません。

ここで7.3.3において最初に示した**図7-38**（2点接地された2組のシールド線間のクロストーク）を、改善方法も含めて考察すると、おおむね次のことがいえます。

(1)シールド線端部の内外部導体サイズが大きく、かつ露出しています。

　そのため、この部分が送受信コイルになり、ノイズの送受信を行いやすくなっています(ディファレンシャル放射と感受性)。

(2)シールド外部導体のグラウンド線がノイズ源や被害側の回路グラウンドから遠いので、剥き代部分のコイル径が大きくなりやすく、電磁誘導結合の感度が上昇しやすいといえます。また、遠いことにより、車体(シャーシ)に電位差を作りやすく、またそこからノイズを拾いやすくなっています。

⇒これらについてはこの部分をなくすか、可能な限り小さくして金属筐体内に隠すべきです。

・グラウンド線の行き先はノイズ源や被害回路のグラウンドに最短で接続します。

・送受信アンテナを作らないようにします(同軸コネクターにより金属筐体に接続)。これが不可能な場合には送受信となるループアンテナを可能な限り小さくして感度を下げ、シールド内に隠します。

(3)シールド線端部の剥き代が大きいほどシールド線本体部分からのコモンモード放射と感受性が共に増大し、クロストークが発生しやすくなります。

⇒これについても同軸コネクターによってシールド線を筐体に接続します。これが不可能な場合には剥き代部分を可能な限り小さくするか、あるいはグラウンド線を対称な位置に増設して、いくらかでも不平衡に戻すことを考えます。

　これら以外にも改善方法はいろいろと考えられますが、まずは以上のことを強く意識すべきです。間違っても、グラウンド線の行き先はノイズに対して安定しているという思い込みにより、手近なグラウンドプレーンや金属筐体に接続するということを第一義に考えないことです。

　エミッション抑制のためには、ノイズ発生源の直近のグラウンドへ最短距離で帰還させるべきです。感受性の場合も考え方としては同様で、外部導体は被害側の回路のグラウンドの直近に最短長として接続するべきです。先に紹介したSTP線のシールドの扱いについても全く同じことがいえます。

第8章

その他

# その他

本章では、これまで筆者が対策などにおいて比較的多く遭遇してきた問題や課題について、一部ではあるが紹介します。加えて、設計審査（デザインレビュー：DR）についても少し触れて最終章のしめくくりとしたいと思います。

なお、本章ではこれまでの章で紹介した図と同じか、または似通ったものが登場します。これは、これまでの議論では電磁両立性（EMC）設計における技術要件ごとに考えてきたものを、ここでは実製品から見て重要と思われるものを拾い上げたためです。そのため、内容的に重なっているものもありますが、ご理解ください。

## 8.1　一般的な中低速デジタル機器のEMI

ここでは、あえて中低速デジタル機器などと表現しますが、「同軸ケーブルを使用する高周波回路とは違ってインピーダンス整合を第一目標にしているわけではないものの、放射や感受性に対する防衛の意味でシールド線を信号配線として使用している」という場合について考えてみます。特性インピーダンスが保証されている同軸ケーブルではない一般のシールド線を採用する場合は、大体こうしたケースが該当すると思います。

図8-1はこうした場合の例を示しています。図8-1(a)はシールド線を汎用コネクターを介して回路基板へ接続する状態を、図8-1(b)は自動車や産業機器などの端末機器である電子機器への接続状態をそれぞれ表しています。

いずれも、特別な意図を持って同軸コネクターを使用する場合を除いて普通のシールド線を使用する場合には、線路の端部における接続部において同軸コネクターを用いずに、この図のように内部導体と外部導体とを分離して、普通の往復配線のように取り扱う場合がほとんどです。また、単なるシールド線ではなく、高速画像信号を載せる同軸ケーブルの場合においても図8-1(a)のように取り扱うこともあると思います。

ここで、シールド線の内外部導体分離部分である剥き代のサイズは、図8-1(a)の場合

224　EMC設計

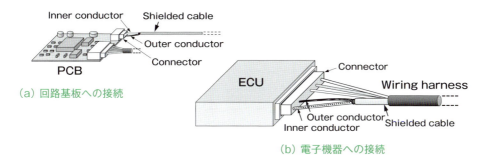

(a) 回路基板への接続

(b) 電子機器への接続

**図 8-1** シールド線の汎用コネクターによる接続の例（作成：筆者）

はコネクターが小型のタイプであっても、一般的に10mm程度以上は必要です。また、自動車や産業機器の場合には、電子制御ユニット（ECU）のコネクターは大型のものが多く見られます。そのため、ワイヤハーネスとしてコネクターのハウジングに自動機で組み付ける場合には、内部導体と外部導体をそれぞれ1本の配線として取り扱う必要があるため、100mm程度の剥き代が必要とされるのが一般的です。特別に注文しても40mm程度以上となるようです。

さて、こうした配線を繰り返し周期が比較的長い（繰り返しの周波数がそれほど高くない）デジタル信号の伝送路として使用した場合に、どのような状態になるのかを考えてみたいと思います。

**図8-2**は、このことを評価するためのサンプルを表しています。

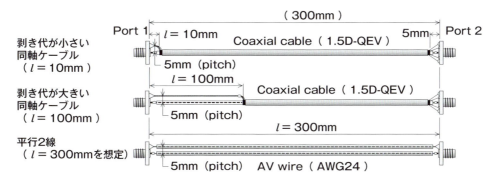

**図 8-2** 評価用のサンプル（作成：筆者）

ここでは、全長300mmの同軸ケーブル（1.5D-QEV）の片端を10mmの長さで剥いたものと、100mmの長さで剥いたものとを、それぞれSMAコネクターに接続して評価の対象としてします。それぞれのもう一方の端部にある5mmの剥き代部は、内部導体が露出しないように外部導体で全周を覆う形でSMAコネクターに接続しています。

この部分の特性インピーダンスは約59Ω〔時領域反射率（TDR）測定により確認〕なので、多少不整合ですが、他への影響は小さいと考えられます。また、ビニール被覆電線である

AV線（AWG24）2本を往復導体としたものも評価時の参考として加えています。

次に、これらの配線に繰り返しの周期が1μ秒の矩形波の信号を加えたとき、信号の入力部分における反射と通過がどのような状態になるのかを考察しているのが**図8-3**です。

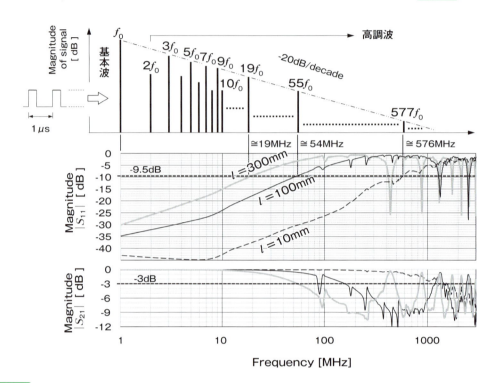

**図8-3** 矩形波が入力された各配線サンプルの伝送特性測定結果（作成：筆者）

**図8-3**は、**図8-2**に示されたサンプルの伝送特性のネットワークアナライザーによる測定結果と、繰り返し周波数1MHzの矩形波とその高調波を表す図を、周波数軸を一致させて描いています。

繰り返しの周期が1μ秒の矩形波ということは、言い方を変えると繰り返しの周波数が1MHzということです。あるいは、通信速度が2Mbit/秒のデジタル信号の最低周波数であるということもできます。

矩形波の基本波において鈍りがなければ、その高調波は周波数に対して−20dB/decadeの割合で低下していきます。また、矩形波は基本波のデューティー比が50%ではない場合には、その高調波は奇数次以外に偶数次も含んでいるので、そのように描いています。

この矩形波の高調波を表す図は実際のものを表しているわけではなく、適当な一般例として定性的に描いたものですが、全体的にはこのような形になると思います。図の伝送特性における測定結果において、レベルを表す縦軸に表現している破線は、伝送特性の良否の簡易的な目安として引いたものです。$|S_{11}|$では入力電流の約1/3が反射される値であ

る−9.5dBのところを、$|S_{21}|$では通過電力が1/2（電流では約70%）となる−3dBのところを
それぞれ強調しています。以降ではこれらを意識して考察結果をみてほしいと思います。
　この図を見ると、次のことがいえます。


(1)1MHz（2Mbit/sec）の矩形波を使用する回路の基本動作について、以下のことが分かります。
・1MHzの基本波では、全てのサンプルで反射は−30dB程度、またはそれ以下であり、通
　過損失もほぼありません（0dB）。
・第10次高調波においても全サンプルで$|S_{11}|$が−15dB以下、$|S_{21}|$がほぼ0dBです。
　上記の基本動作の範囲では、どのサンプルの配線を使用してもそれほど問題はないよう
に思われます。


(2)高次高調波に着目して順に見ていくと、以下のことが分かります。
・剥き代が$l$=10mmの場合には、約576MHz以上で$|S_{11}|$が−9.5dBを超えています。す
　なわち、第576次高調波までは反射が1/3以下です。また、通過損失$|S_{21}|$はあるもの
　の1dB程度、またはそれ以内です。
・剥き代が$l$=100mmの場合には、約54MHz以上で$|S_{11}|$が−9.5dBを超えています。す
　なわち、第54次高調波までは反射が1/3以下であり、また、通過損失$|S_{21}|$はあるもの
　の1dB程度、またはそれ以内です。
・剥き代が$l$=300mmに相当する平行2線の場合には、約19MHz以上で$|S_{11}|$が−9.5dBを
　超えています。すなわち、第19次高調波までは反射が1/3以下であり、また、通過損失
　$|S_{21}|$はあるものの、1dB以内です。


　上記の(1)から、繰り返し周期が$1\mu$秒の信号においては、基本波の周波数はもちろん、
第10次高調波くらいまで、おおむね無事に通過していると思われます。そのため、SI（Signal
Integrity：信号品質）を厳密に問わずにオシロスコープでラフに波形観測をする程度の確
認においては、この回路自身は何事もなくうまく動作しているように思えることです。もっ
と大胆にいえば、この程度のデジタル信号の伝送においては、少なくとも配線長300mm程
度であればシールド線など必要なく、普通の電線でもよいと思えるほどです。
　ちなみに、配線の300mmという長さは、周りを取り囲む空間の比誘電率を考慮しなければ、
この信号の第10次高調波である10MHzの1波長である30mの1/100という小ささです。ま
してや基本周波数である1MHzの1波長300mと比べると1/1000の大きさにしかすぎません。
これくらいの周波数では、配線の物理的な大きさは無視できる程度です。つまり、単なる
接続配線であるといえます。

一方、(2)で示されている高次高調波においては、シールド線の剥き代が100mmの場合には、第54次高調波程度から1/3以上反射するようになり、通過損失も大きくなり始めています。この反射成分は剥き代部分と同軸部分の境目で発生し、シールド線本体の外部導体の外側にあふれ出てきます。高次高調波になるほど外から電流が見えるようになり、これがシールド線の本体における放射源となります。

また、反射が起きれば、線路上に負荷に向かう進行波と反射によって跳ね返ってくる後退波とが重なることによる定在波が立ちます。これにより、特定の場所で電流または電圧が最大の場所と最小の場所ができます。この最大値と最小値の比が定在波比であり、反射であるΓ=1/3のときは式(8.1)から定在波比ρ=2と表現されます。なお、高周波機器のアンテナ端子などでは、ρ=1.5が仕様の目安になっているケースが多く見られます。配線上においては、電流の定在波が最大になる場所がアンテナとしての放射が最大となる場所になります。

$$\rho = (1+\Gamma)/(1-\Gamma) \qquad (8.1)$$

このように、高次高調波になるほどシールド能力が低下していきます。

主観めいた言い方になりますが、500MHz程度までの使用においては、シールド線端部の剥き代は10mm程度にしておくことが、シールド線の能力を生かす限界のように思われます。

以上のように、回路動作においてはそこそこうまく動作しており、これでうまくできたと思っている機器でも、その配線系から思わぬ高周波ノイズを放射し、よそに迷惑をかけているかもしれないということは承知しておくべきです。

以上、放射として考察してきました。これは可逆的なので、自身の回路動作が他から影響されることについても全く同様です。現在の半導体のプロセスは非常に進歩しており、遷移周波数($f_T$：Transition frequency、利得が1になる周波数)が低い半導体など存在せず、希望しない高周波に対しても思わぬ感受性があります。そのため、自分で作成した回路が低い周波数しか扱っていない場合においても、外来高周波ノイズによる影響を受ける可能性が大きいということを承知しておくべきです。

## 8.2 電源回路のEMI

ほとんどの電子製品は、外部から供給される直流電源から内部回路のICなどのデバイスの電源電圧仕様に適合させるための安定した電圧を作る目的で、電源回路を搭載しています。

この電源回路には大きく2通りの方式があります。シリーズレギュレーターとスイッチングレギュレーターです。**シリーズレギュレーター**は、外部からの直流電源に直列に制御さ

れた損失を与え、一定の直流電圧を得るものです。一方、**スイッチングレギュレーター**は、直流をスイッチングさせて一時的に交流に変換することにより、必要な直流電源を新たに作り出すものです。これら以外の方法もありますがここでは割愛します。

シリーズレギュレーターは原理的に入力電圧よりも高い電圧を作ることができず、効率が悪くて、発熱も大きくなるという問題があります。小信号回路にしか用いられませんが、原理的には高周波ノイズは発生しません。

一方、スイッチングレギュレーターによる電源回路は、スイッチングを行うという動作原理からノイズを大量に含んでいるものの、原理的に効率が高く、入力電圧よりも低い電圧のみならず高い電圧も作り出すことができます。そのため、CPUの電源などを含むある程度以上の電流を必要とする回路では、ほとんどこのスイッチング電源を採用しています。加えて、この電源回路は設計が面倒であることとコストなどの問題から、専門メーカーがモジュール化やIC化された部品を使用する場合が多いといえます。

**図8-4**は**電源モジュール**と周辺回路の例を示しています。これは電源モジュールにおける一般的な推奨回路の例で、どのメーカーのものもほぼこれと同様です。

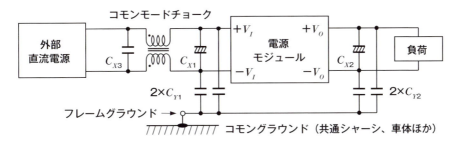

**図8-4** 電源回路周りのデカップリング回路の例（作成：筆者）

スイッチングの周波数は、モジュール化されているものの多くは発振周波数が数100kHzとなっています。一方で、IC化された小型のものでは数MHzのものが少なくありません。また、その動作においては電源というまとまった電流をオン／オフするので、スイッチングの基本波のレベルが大きいことに加えて、その歪みによる高調波も大量に含んでいます。従って、これらが雑音電流として機器内外のよそへ流出しないようにするために、多くのメーカーの推奨回路では、電源モジュールなどの入出力部にはこの図に示すように厳重なデカップリングが指定されています。この図における入出力部のデカップリングの狙いは、定数や接続方法が示すようにほぼ次の通りです。

## （1）ノーマルモード雑音電流の伝導流出の抑制

・$C_{X1}$と$C_{X2}$：数$\mu$Fの電解コンデンサーであることが多く、その目的は電源回路のリップル

による低い周波数のノイズの除去です。
- $C_{X3}$：数nFのセラミックコンデンサーであり、目的は高周波ノイズの伝導流出の阻止です。

　これらはいずれも電源の＋線と－線の間に装着されている並列デカップリングであり、X-コンデンサー（通称X-コン）と呼ばれます。

### （2）コモンモード雑音電流の伝導流出の抑制

- $C_{Y1}$と$C_{Y2}$：これらは数nFのセラミックコンデンサーであり、高周波伝導ノイズの流出抑制が目的です。電源線とフレームグラウンドにつながる基板のグラウンドとの間に接続されており、往復配線分の合計である2個をペアとする並列デカップリングです。その形状からY-コンデンサー（通称Y-コン）と呼ばれます。
- コモンモードチョーク：電源の往復線上を伝導流出する雑音電流に対する直列デカプリングです。

　これらは電源線の＋側と－側を同じ向きに伝導するコモンモードの雑音電流に対するデカップリングです。

　なお、モジュールの入力側のデカップリングのほうがより厳重なのは、スイッチングノイズの外部配線への流出に対して配慮しているからだと考えられます。

　また、こうしたモジュールは、推奨回路を守れば端子電圧法での測定では国際無線障害特別委員会（CISPR）規格を余裕を持ってクリアしていることを付記しておきます。

　**図8-5(a)**は、この電源モジュールを組み込んだ電子制御ユニット（ECU）に、外部直流電源を接続したシステムです。両者を3m程度の長さのポリ塩化ビニル被覆電線による往復配線によって接続しています。このシステムからの放射について、電波暗室における測定結果の一例を**図8-5(b)**に示しました。

　これは（実データでは差し障りがあるため）典型的な一例として筆者が手書きで表したも

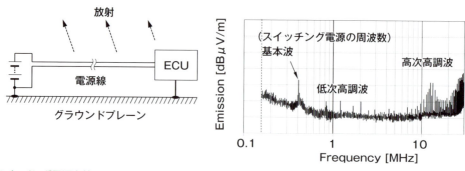

(a) スイッチング電源を持つECUとシステムからの放射　　(b) 放射スペクトラムの一例

**図8-5**　スイッチング電源を持つ電子機器からの放射の例（作成：筆者）

のですが、ほぼこうした放射ノイズの分布を示すことが確認できています。

この図から、まずスイッチングの基本周波数400KHzが見られ、低次高調波はフィルター効果もあり相応に抑制されるものの、10MHz前後から高次高調波のレベルが大きくなっていることが分かります。システム全体からの実際の放射として、大体こうした周波数特性の形になることは、多くの人が経験していると思います。また、この高次高調波はなかなか抑制できず、悩ましい問題でもあります。

なお、せっかくデカップリングによって基本波と低次高調波が抑制されているにもかかわらず、高次高調波で放射が増えているのは、外部配線の共振による影響であると考えられます。加えて、往復する電源配線は平行関係で密着しているので、ノーマルモード放射の成分は弱く、多くがコモンモード放射であると考えられます（この場合、往復配線は1本であるとみなせます）。

配線長3mというのは、電気長でいうと100MHzの1波長です。これは50MHzで1/2波長共振する平衡アンテナとして働き、また、電源線両端部に接続されている負荷などの抵抗値やグラウンディングがアンバランスであると（大抵そうなっています）、25MHzの1/4波長の不平衡型の接地アンテナと同様になります。ECUのグラウンディングが甘い場合も多いので、むしろこのケースのほうが多いかもしれません。

このように、配線のアンテナとしての効率が高くなることにより、高次高調波の放射が復活するのです。また、配線に直列に接続されているコモンモードチョークのリアクタンス分の一部は、これらのアンテナに対する伸長コイルとしても働く可能性があります。そのため、もっと低い周波数でも共振するようになり、配線長が1m程度であっても前述したような周波数で共振する可能性は十分にあります。

また、伝導流出電流がかなり小さい値であっても、線状アンテナからの放射は**2.3.2**に示したように、外部に意外と大きな電界を作ることになります。

このように、外部接続配線は効率の良い送受信アンテナであるといえるので、電子機器から流出するコモンモードノイズは可能な限り抑制する必要があります。この目的で、次にこの雑音電流の流れについて考えてみます。

**図8-6**は、このシステムにおける電子機器内部の電源モジュールと外部電源線へのコモンモード雑音電流の流れを示しています。

この図の$i_c$は電源モジュールから外部の直流電源側に向けて流出するコモンモード雑音電流を表しています。

この発生原因は、モジュール内部のスイッチング動作に伴う雑音電流が、回路グラウンドやグラウンドプレーンなどの共通グラウンドと電源モジュールとの間の寄生容量による電界$E_s$を経由して、一巡のループ電流となってモジュールの入力端子から流出することに

よるものです。

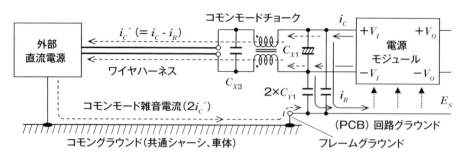

図8-6　電源モジュールで発生するコモンモード雑音電流の入力側への流出経路（作成：筆者）

　このコモンモード電流の発生は原理的なものであり、仕方がない面があります。それでも、特に高い周波数は拡散しやすいので、外部へ流出しにくいようにするためにモジュールの近くにとどめておく必要があります。そのために数十MHz以上のノイズに対するデカップリング用として、数nFのY-コン $C_{Y1}$ がモジュールの極近に配置されています。この図に示すように、流出雑音電流 $i_C$ は極近でバイパスされて $i_R$ としてノイズ源に帰還するはずです。

　また、コモンモードチョークのインピーダンスがピーク値を示す周波数は数M～数十MHz程度であることが多いため、主に低い周波数の流出ノイズの抑制を担うことになります。従って、$C_{Y1}$ の次段に配置されていると考えられる。

　このように、Y-コンによる並列リアクタンスとコモンモードチョークによる直列リアクタンスとで効率的に分担しているのです。

　なお、この図ではコモンモードチョークの働きについては表現していません（Y-コンがなければ $i_C' = i_C$ であり、この $i_C$ はコモンモードチョークによる直列インピーダンスの存在によって既に抑制されています）。

　なお、$C_{X1}$ と $C_{X3}$ は2線間におけるノーマルモード雑音電流の抑制用であり、コモンモード雑音電流の抑制に対しては直接的には役に立ちません。しかし、往復配線や部品などのアンバランスにより、ノーマルモード電流からコモンモード成分が作られてしまうので、ノーマルモードもあらかじめ抑制しておかなければならないという意味で、その存在は重要です。

　しかし、この事例においては、このように厳重なデカップリングを施している電源回路であっても、高次高調波による放射が図8-5に示すような結果になることが多いといえます。この場合は、電源モジュールの入力部分におけるデカップリングの構成を見直す必要があると考えられます。

　そこで、コモンモードチョークとY-コンの位置を入れ替えたのが図8-7です。コモンモードチョークといっても、往復線1本ずつに装着されたインダクターです。そのため、この場合はインダクターとY-コンとの組み合わせによるローパスフィルターの構成が、ノイズ源

である電源モジュールから見て$C→L$の順序であったものを$L→C$に変えたことになります。この事例では、このようにしただけで**図8-5**の高次高調波成分のレベルは（実データは都合によって控えるものの）大幅に抑制されました。

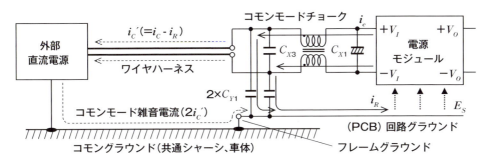

**図8-7** 伝導流出抑制用フィルターとして見た場合に$LC$の構成を変更した例（作成：筆者）

そこで、この改善の理由を考察するのに当たり、まずは$L$と$C$による**ローパスフィルター**について改めて復習してみることにします。

**図8-8**は、単独の$L$と$C$、およびそれらの組み合わせによるローパスフィルターの構成と、その周波数特性を定性的に示したものです。

**図8-8(a)**と**図8-8(b)**は、$L$と$C$単独の場合の通過特性を示しています。**図8-8(a)**では$L$のリアクタンス値$|\omega L|$が$R_S+R_L$と一致する周波数を境に、**図8-8(b)**では$C$のリアクタンス値$|1/\omega C|$が$RS//RL$（並列値）と一致する周波数を境に、それ以下の周波数が通過域となり、それ以上の周波数が阻止域となるローパス型のフィルターとなります。阻止域の傾きは$-20dB/decade$を示しています。

この**図8-8(a)**と**図8-8(b)**とが交互に従属接続されることにより、阻止域の傾きは加算されて、**図8-8(c)**や**図8-8(d)**のような周波数特性となるはずです。ここで**図8-8(c)**に示す2素子による逆L型のローパスフィルターについて少し考えてみたいと思います。

**図8-9**は、**図8-8(c)**の入出力部における電流の流れを見たものです。

このローパスフィルターの入力部に当たる$i_1$部分の$Loop$(a)は、$L$と$C$による直列共振ループに信号源抵抗$R_S$が直列に接続されたものといえます。

一方、出力部に当たる$i_2$部分の$Loop$(b)は、$L$と$C$による並列共振回路に負荷$R_L$が並列に接続されたループであるともいえます。

このように、外部の信号源抵抗と負荷抵抗が接続されて通過域と阻止域ができます。そして、接続される抵抗値によって共振の$Q$が変わり、$Q$が高い動作になると変曲点で盛り上がって、うねりの大きいチェビシェフ特性を示すのです。

このように、$LC$フィルターの通過特性は接続される抵抗次第となります。加えて、その使用状態により、通過特性に方向性ができるのです。この$LC$フィルターの場合には$Loop$(a)

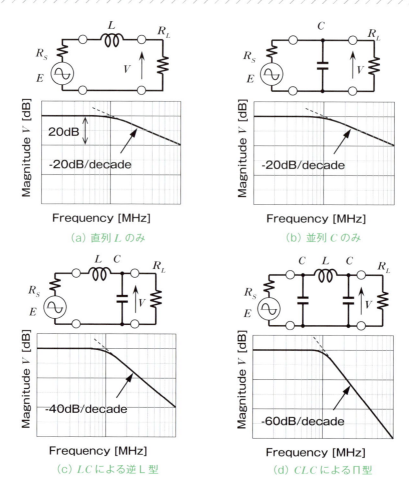

図 8-8　*LC* 単独とそれらの縦続接続によるフィルターの周波数特性（作成：筆者）

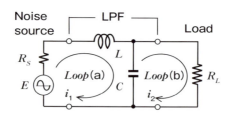

図 8-9　*LC* フィルターのループ電流（作成：筆者）

では直列抵抗 $R_S$ が小さいことが前提であり、*Loop*(b) では並列抵抗 $R_L$ が大きいことが前提となります。例えば、次の通りです。

・*Loop*(a) では図の信号源抵抗 $R_S$ が大きくなって $|j\omega L| \ll R_S$ になると、このフィルターは C のみの場合と同じことになってしまいます。
・*Loop*(b) では図の負荷抵抗 $R_L$ が小さくなって $R_L \ll |1/j\omega C|$ になると、このフィルター

は$L$のみの場合と同じことになってしまいます。

　このように、せっかく2素子のフィルターを装着しても、負荷などの接続される抵抗値によっては十分にその性能を発揮できなくなってしまいます。

　なお、このことは入出力のインピーダンス変換機能になるので、高周波回路では$LC$フィルターがインピーダンス整合を行うことになります。

　さて、**図8-8(c)**の場合と**図8-8(d)**の場合について、電源側の内部抵抗を0として計算したのが**図8-10**です。

　**図8-10**において、$LC$フィルターの素子数が2である**図8-10(a)**では、阻止域の傾きは予定通り−40dB/decadeになっていることが分かります。

　一方、$LC$の素子数が3で、Ⅱ型である**図8-10(b)**の阻止域における傾きも**図8-10(a)**と同じ−40dB/decadeを示しており、−60dB/decadeになっていません。この理由は、この計算において電源Eの直列抵抗がない状態で計算していることにあります。つまり、入力抵抗がないために**図8-10(b)**ではフィルターの入力容量$C_2$がショート状態となって全く機能せず、最終的には**図8-10(a)**と同じ2素子による$LC$フィルターと同じ状態になってしまっているということです。

　これで分かるように、**図8-6**の事例ではY−コンが高い周波数のバイパスとして機能しているものの、そのY−コンがノイズ源である電源モジュールのインピーダンスが低いことにより、外部配線への流出を阻止するフィルターとしては十分に機能していなかったということになります。従って、**図8-7**の状態にすることにより、コモンモードチョークによるLとY−コンによるCとで低インピーダンスである電源回路から、インダクタンスが大きい(高インピーダンスの)外部電源配線側へのノイズの流出を抑制できる$LC$フィルターの構成になったというわけです。

　ちなみに、**図8-6**の状態においては、外部電源配線が長い場合(外部配線のインダクタンスが大きい場合)にはコモンモードチョークは低い周波数ではもちろん機能しているものの、極端な言い方をすれば、周波数が高くなるのに従って単に配線が長くなったのと同じ貢献をしているのに過ぎないともいえると思います。

　また、推奨回路が示すように、高い周波数のデカップリングはノイズ源に近いほど有効であることには違いありません。従って、Y−コンの位置は**図8-6**のままにしておき、流出ノイズ対策としてコモンモードチョークの電源線側にY−コンを追加することも考えられます。この場合には、2組のY−コンの間に$L$が入るので、異なった静電容量のキャパシターの並列接続による反共振問題は避けられます。しかし、この2組のY−コンのグラウンド接続部分が、コモンモードチョークの入出力間のバイパスになってしまい、その効果が低下する

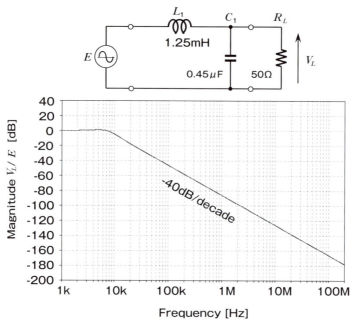

(a) 逆L型 $LC$ ローパスフィルター

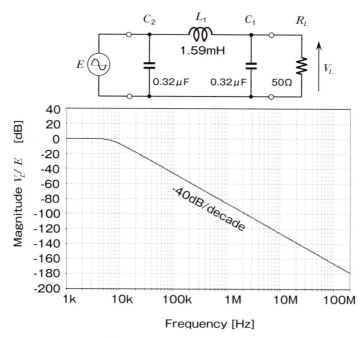

(b) Π型 $LC$ ローパスフィルター

**図 8-10** 逆L型フィルターとΠ型フィルター、その通過特性（作成：筆者）

恐れもあります。フレームグラウンド部分でY-コンがグラウンド電流の相互の流れを作らず、どちらのY-コンもノイズが素直に**図8-7**の$E_s$経由で帰還するように、グラウンドを集める構成にする必要があります。

## 8.3　ハイブリッド車（HEV）におけるEMI対応の例

近年、走行用の大型モーターを駆動する**ハイブリッド車（HEV）**が人気を集めています。このHEVをはじめとする電動車が登場して以来、耐ノイズ性能をクリアする自動車として成立させることが、それまで以上に難しくなってきました。

**電動車両**のシステムは規模の違いはあっても、そのインバーターシステムは、IGBT（Insulated Gate Bipolar Transistor：絶縁ゲート型バイポーラトランジスタ）による、繰り返し周波数10kHz程度のPWM（Pulse width Modulation：パルス幅変調）制御された3相交流でモーターを駆動するスイッチング回路です。基本となる繰り返し周波数は低いものの、大電力回路であるため、そこで発生する高調波の成分はVHF（超高周波）帯の周波数まで十分に含んでいます。

一方、自動車内には第5世代移動通信システム（5G）や電子料金収受システム（ETC）、全地球測位システム（GPS）のように、1GHz以上の高い周波数を扱う製品が搭載されています。併せて、mVオーダーのセンサー信号を基に制御する電子制御ユニット（ECU）や、$\mu$V/mオーダーの信号を受信するキーレスエントリーシステム用の受信機、通信機の受信機、AM/FMラジオといった低周波から300MHz帯程度までで動作している敏感な機器類も狭い車体内にひしめき合って搭載されています。このことは第1章でも述べた通りです。

以下に、現在普及しているHEV用の電動システムについて取り上げます。そして、電磁環境の中に置かれる電動システムが発生するノイズを抑制するためのポイントについて考えてみたいと思います。

### 8.3.1　主なHEVのシステムとその特徴

HEVのシステムには、[1]昇圧回路を持つ高電圧システムと[2]昇圧回路を持たない高電圧システム、[3]低電圧システム——があります。

### [1]昇圧回路を持つ高電圧システム

**図8-11**は**昇圧回路**を持つ電動システムの例を示しています。図中の「MG（Motor Generatorの略称）」はモーターです。モーターは力を加えて回すと発電機にもなります。そのため、自動車の減速時には発電機として動作し、高電圧バッテリーの充電用として作動

237

するのでこのように表現しています。

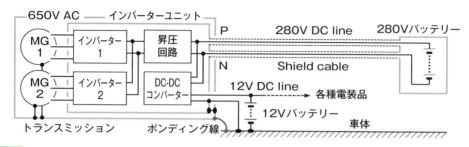

図8-11 昇圧回路を持つHEV用高電圧システム（作成：筆者）

　このシステムは、昇圧回路を持つインバーターユニットによる3相交流によって走行用のモーターを回すタイプです。出力65kW程度、またはそれ以上の大型モーターを回すのに当たり、極端な大電流にならないように電源電圧を高電圧化しています。それでも、定常走行時の電流で100A程度(発進時などは優にそれ以上)は流れるので、650Vの3相線から交流磁界をまき散らさないようにするため、インバーターユニットは車両前部のトランスミッション(変速機)に装着されている走行用モーターに極力近づけて、3相線が短くなるように配置されています。

　また、直流電源となる大型の高電圧バッテリーは280Vの高電圧であるため、P-N線〔P：Positive／一般でいう＋(プラス)側、N：Negative／一般でいう－(マイナス)側〕は感電防止の観点からどちらも車体から絶縁されています。加えて、高温を避けて車両後部に搭載されるため、P-N線が車両後部〜前部にかけて長く伸びています。直流電流用の配線ではあるものの、そこにはインバーターユニット内で発生する高周波のノイズが混入しているので、その放射を抑制するためにシールドケーブルが使用されています。また、12V用のバッテリーが一般的なガソリン車の場合と同様にエンジン室前部に装着されているのは、インバーターユニットからバッテリーまでの12V線を極力短くしてノイズの放射を少なくするためです。

## ［2］昇圧回路を持たない高電圧システム

　**図8-12**は昇圧回路を持たない電動システムの例を示しています。

　補助的なシステムなので昇圧回路は持たず、110Vの直流電源から直接、3相交流を作っています。高電圧バッテリー内蔵のインバーターユニットは、高温環境を避けるために車両後部に搭載されています。3相交流線はモーター駆動用電力が比較的小さいことから、車両前部のモーターまで長く伸びています。それでも走行用モーターの出力は10kW以上はあるため、電流は100A以上流れます。従って、この3相線には放射ノイズを抑制する目的でシールドケーブルを使用しています。

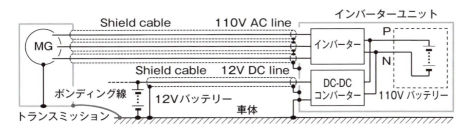

**図8-12** 昇圧回路を持たないHEV用高電圧システム（作成：筆者）

　また、12Vを作るDC-DCコンバーターは大きなスイッチングノイズを発生するため、エンジン室内の12Vバッテリーまで長く伸びる12V線にもシールドケーブルを使用しています。

## ［3］低電圧システム

　**図8-13**は低電圧による電動システムの例を示しています。

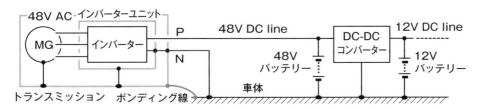

**図8-13** HEV用低電圧システム（作成：筆者）

　これは欧州の**簡易HEV**に見られるタイプで、**マイルドハイブリッド車**とも呼ばれています。この図の例では、48Vバッテリーを動力源にしています。この電力線は60V未満の低電圧であるため、P-N線はフローティングとせず、ガソリン車における12V線と同じ扱いをしていて、モーター駆動用バッテリーの−（マイナス）側を車体としています。こうした構成であると、直流電源線を車体に密着して配索することによって電線同士が往復するP-N線の場合よりも、配線上の高周波ノイズによる電磁界の拡散を小さくできるというメリットがあります（特性インピーダンス値も小さくなります）。

　ある意味、合理的な設計であるともいえますが、低電圧なので、同じモーターを駆動するために高電圧のものと比べて大電流を必要とします。そのため、配線は非常に太くなるので、配線全長にわたって車体への密着状態が保てるかどうかという問題があります。さらに、エンジン−車体間のボンディング線の極近を並走させることができるか否かという問題もあります。

## 8.3.2 HEVシステムにおけるエミッションの抑制

　3つのHEVシステム、すなわち[1]昇圧回路を持つ高電圧システムと[2]昇圧回路を持たない高電圧システム、[3]低電圧システム——にはそれぞれ一長一短がありますが、システムからのノイズの放射を抑制しようとすると、大電力であるということにより、いずれも次の(1)〜(3)に示す設計的な制約が出てきます。

(1) 大電流回路であるため、電流経路にインダクターのようなローパスフィルター用の直列素子を入れることが難しいといえます(インダクターの直列抵抗成分のために電圧降下が大きくなってモーターの制御効率が落ち、インダクター自身も大きな損失のために発熱します)。

(2) 電流路に並列にローパスフィルター用として挿入するキャパシターが制限されます(高電圧用のキャパシターは体格が大きいのでコンパクトにまとめにくく、Tan $\delta$ 特性が優れたものであっても発熱に注意が必要です)。

(3) 大電力を扱うため、配線や部品などが全て大きくなるので全体的に大造りになり、これまで述べてきたような「デカップリング用の素子は高周波用であるほどノイズ源の極近に配置しなければならない」という普遍的な理屈が通用しにくいといえます(スイッチング周波数が10kHz程度の制御電力であっても、大電力回路のために高次高調波のノイズの影響が認められます)。

　上記の(1)〜(3)が示す通り、電動システムにおいてはどのようなものであっても共通する課題があります。それは、ローパスフィルターを形成する素子を線路に装着することによるノイズのデカップリングに、全面的に頼ることは難しいという課題です。
　また、HEVなどの電動車両では走行用モーターを回すために高電圧のバッテリーを搭載している一方で、多くの電装品用として12Vのバッテリーも搭載しています。走行用の高電圧のバッテリーは蓄積電力の消耗が激しいため、下り坂や制動時にはモーターが発電機となって高電圧用バッテリーに電力回生を行っている関係上、走行中の充放電の主役は高電圧側になります。従って、12Vバッテリーを充電させるために、DC-DCコンバーターによって高電圧から12Vを作り出す必要があります。しかし、これも非常に大きな電流をスイッチングし、そのスイッチングの速度は3相交流用のインバーターよりも速くなっています。そのため、その高調波も高い周波数まで含まれており、高電圧のインバーターと同様か、それ以上に大きなノイズ源になります。
　これらのシステムで電磁妨害(EMI)性能を確保するためには、以下に示す[1]システム構成、

[2]シールド、[3]部品形状、[4]デカップリング——の順に検討することが必要です。前述した理由により、EMC性能の確保の主役は電磁シールドということになります。もちろん、他にも多くの工夫が必要となりますが、意外に不足しているのではないかと思われる基礎的な事柄も織り交ぜて、ごく一部ですが概略を列挙してみます。

## [1] システム構成

配線長：[1]昇圧回路を持つ高電圧システムと[2]昇圧回路を持たない高電圧システム、[3]低電圧システム——の各システムにおいて工夫されていることに見られるように、ノイズ源となりやすい配線が長く伸びないようなシステム構成にする必要があります。

## [2] シールド

### シールドされたシステムにおけるノイズの放射

**図8-14**は[2]昇圧回路を持たない高電圧システムの場合を例に、雑音電流の流れを示しています。

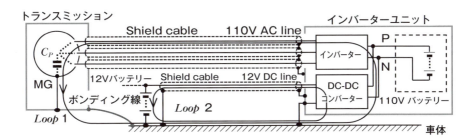

**図8-14** 電動システムにおけるコモンモード雑音電流の流れの一例（作成：筆者）

この例では各ユニットは全て金属筐体で覆われており、ユニットにつながる外部配線にはシールドケーブルが使用されています。これにより、システムの内部機器からの高周波ノイズの直接的な放射は抑制されています。

ただし、もう少し詳しく見てみると、以下の①と②に示すように雑音電流が配線を経由して外部へ流出し（図中の「$Loop1$」と「$Loop2$」）、これが配線からのコモンモード放射の要因になり得ることが分かります。

① $Loop1$

走行用のモーター（MG）はブラシレスモーターなので、駆動用コイルの巻き線はモーター筐体側のコアにあります。そのため、コイル-コア間の寄生容量である$C_P$は、そのまま巻き線-筐体間の寄生容量となります。つまり、インバーターによるPWM信号が外部へ流出

する電流路になってしまいます。その大きさは、走行用モーターにおいて1相当たり、小型のもので2500pF程度、大型モーターの場合には7000pF以上の大きさを示します。これらのリアクタンス値は高周波まで全てリニアというわけではありません。

　そのリアクタンス値はモーターの大きさにもよりますが、低周波からコイルが自己共振する数十kHz程度までは−20dB/decadeで低下する純キャパシタンス特性を示し、それ以上の周波数では共振、反共振を繰り返してなだらかに低下します。AMラジオ帯の1MHzでは、一般的に−$j$数百Ωの下のほうのリアクタンス値を示します。

　なお、モーター駆動は3相交流なので、3本の線の電流は各線の位相が120°ずつ異なります。そのため、前記容量が流出ノイズにそのまま寄与するわけではありません。しかし、3相のバランスがわずかに狂うだけでコモンモードになってしまうので、十分に注意する必要があります。元の電流が大きいので、このループを流れるコモンモード雑音電流がAMラジオに対する放射源になる可能性は十分にあり得ます。

②*Loop 2*

　12Vバッテリーの−（マイナス）側が車体に接続されているというシステム上の都合より、この経路は雑音電流が外部へ流出する電流ループを構成します。そのため、コモンモード放射の要因に成り得ます。加えて、前述したようにDC-DCコンバーターのスイッチング速度はモーター駆動回路のスイッチング速度よりも速いので、その高調波はFMラジオ帯まで達することは十分に考えられます。

　このように、シールドは重要であり、各機器からの直接的な放射に対しては電磁遮蔽の効果を発揮します。しかし、①と②に示すような経路による伝導雑音電流の外部への流出については、決定的な対応案は難しく、アンテナとなる配線の長さを短くするなどのシステム的な配慮が必要となります。

　さらに、モーターの巻き線−筐体間の寄生容量は回転子にも及び、わずかながら回転子の軸を経由して、プロペラシャフトからもノイズを放射します。プロペラシャフトはアンテナのサイズとして大きいので、ここからもAMラジオ帯域のノイズを放射する可能性があります。これもE-チャンバー試験として試験サイトによって行われていますが、ここでは立ち入りません。

## ユニットにおける金属筐体の構造

　**図8-14**には記載していませんが、ここでは、どのようなシステムにおいても共通する課題となる配線における伝導雑音電流の流入出に及ぼす筐体の影響について考えてみます。

**金属筐体**は、単に内部の配線からの放射を覆い隠す役割のみを果たしているわけではありません。筐体内壁に沿って電流が流れることにより、内部の電界や磁界を抑制するという大きな働きがあることを忘れてはなりません。

**図8-15**はそのことを表しています。

**図8-15(a)**は、電力線を流れる信号の高調波が他の信号線にクロストークする様子を示しています。この図では金属筐体の側面は説明の都合上、必要な2側面のみを描いています。この電力線は3相交流であるため、3本の配線を流れる電流のベクトル和は0のはずです。しかし、配線や負荷のわずかなアンバランスにより、コモンモード成分ができます（図に示す雑音電流）。図中の他の信号配線はグラウンドも含めて何らかの形で閉じたループになっているため、前記のコモンモード電流による磁界がそのループに鎖交すると、電磁誘導結合してノイズがクロストークしてくることになります。

そこで、**図8-15(b)**のように金属カバーで蓋をすると、筐体とカバーが電気的に十分に接続されている場合には、筐体がインピーダンスの低い1回巻きのコイルになります。ここで図の配置関係の場合には、内部配線と筐体のコイルとしての軸が一致するので、筐体がショートリングとして働きます。これにより、図に示す向きの電流が筐体内面に発生することによっ

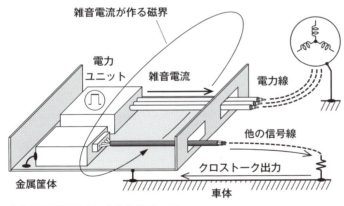

(a) 電磁誘導結合による他配線への
　　クロストーク

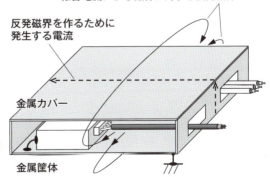

(b) 金属カバー装着によるクロストークの抑制

**図8-15** 金属筐体における電磁誘導による配線間クロストークの抑制（作成：筆者）

てノイズによる磁界に反発する磁界を発生させるので、クロストークを抑制できるようになります。

　なお、実際のユニットの内部配線は**図8-15 (a)**のような一方向の単純なものではなく、多数の配線があらゆる方向を向いているのが普通です。それらに対応するためには、金属筐体をコイルとして成立させた場合のコイル軸も全方向を向く必要があります。金属筐体と金属カバー（蓋）は4側面ともしっかりと連続的に電気的に接続すべきです。ただし、電気的接続は、ねじなどによる固定である場合が普通です。その場合には、先の章で記載したように、普通に我慢できるねじ固定の間隔は、そこで考慮すべき最も高い周波数の$\lambda/20$が目安となります。

　また、ここではこれまで電磁誘導結合によるクロストークの抑制に対して有効な構造ということで考察してきました。金属カバーを金属筐体の4側面とも電気的にしっかりと接続するということは、電界結合による配線間クロストークの抑制も行うということです。その様子を表しているのが**図8-16**です。

　これは**図8-16**と同じユニットを配線の軸方向から見た状態を表しています。**図8-15**では省略していた配線と平行な側面が電界結合の抑制に重要になるので、この**図8-16**では記載しています。また、以下の説明においては、ユニット内の各機器の回路グラウンドが機器筐体を経由してユニット全体の金属筐体に電気的に接続されていることが前提であることに注意してください。

　**図8-16**の「Crosstalk 1」は、金属カバーによる蓋の有無に関わらず、電界結合によって発生する配線間クロストークです。「Crosstalk 2」は金属カバーで蓋をすると追加されるクロストークを表しています。ここで、金属カバーの筐体への電気的な接続がなかったり不十分であったりすると、配線間クロストークはCrosstalk 2が追加されっ放しということになります。シールドに蓋をするとノイズ性能が悪くなる場合があるというのは、こういうことです。

　そこで、金属カバーと筐体側板とを電気的かつ連続的に接続すると、図に示す「Bypass」ができます。そのため、金属カバーに電界結合したノイズ成分の多くがBypass経由でノイズ源に帰還するようになるため、Crosstalk 2の要因となる電流が低減します。また、同様

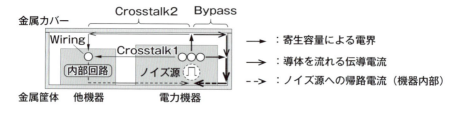

**図8-16** 金属筐体内における配線間の電界結合とバイパス（作成：筆者）

にBypassによる帰還分によってCrosstalk 1そのものも低減することになります。これらにより、配線間クロストークは抑制されることになります。

ここで示したように、金属筐体内の配線間クロストークを抑制するためには、電磁誘導結合と電界結合のどちらにおいても、金属カバーは4辺とも金属筐体に電気的にしっかりと接続する必要があります。

なお、重ねていうと、金属筐体内の機器や回路基板の配線間クロストークが大きいと、本来ノイズ源とはならないはずの一見無関係な多くの配線からも、ノイズが伝導流出するようになってしまいます。従って、非常に重要な問題であるということを再認識する必要があります。

## [3] 部品形状

### 配線の形状

このような大電力システムにおいては元々の信号レベルが大きいので、その高調波も大きくなります。そのため、ノイズとしてコモンモード化させないためには、配線の対称性が重要です。3相出力の外部配線は、ノーマルモード放射をさせないためには密着させておく必要があります。しかし、3相出力を作るためのブリッジ回路は小さくないため、3相のUVW回路出力と外部配線をつなぐためのバスバーの役割は大きいといえます。

図8-17はバスバーの2つのタイプを表しています。

図8-17(a)はUVWのバスバーの長さが全て大幅に異なっています。このままではUVW線に載っているPWM信号の高調波はコモンモード化してしまいます。一方、一見対称に見える図8-17(b)も、U線とW線は同じ長さで対象形状ではありますが、V線が他の2線と比べて短くなっています。従って、このタイプであっても高調波はコモンモード化してしまいます。

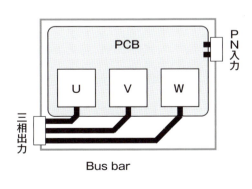

(a) バスバーが屈曲している

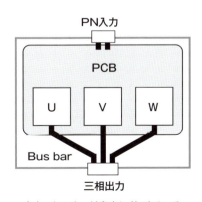

(b) バスバーが素直に伸びている

図8-17 ▶ 三相出力のバスバー長さのバランス（作成：筆者）

この問題の解決案としては、バスバーを同じ電気長にする必要があります。その場合には、**図8-17 (b)** で紙面の表裏方向にV線をたわませて調整するのがよいと思います。結局は、実験によってカットアンドトライで決めていくしかないでしょう。シミュレーションによって設計の当たりを付けていくのもよいのですが、その場合には、バスバーを単独のインダクタンスとして計算しても実態と異なることは第3章で述べた通りです。この場合には、近隣の導体に流れる電流を考慮してシミュレーションを行うべきです。

### シールドケーブルにおけるコネクター接続部の構造

**図8-18**は、電力機器からの出力線として**シールドケーブル**を使用した場合におけるシールド外部導体の金属筐体への接続例を示しています。これらはいずれもHEVのインバーターユニットや直流電源線などに見られる例である。

本来は3相交流の出力線や直流電源のP-N線のように複数ありますが、この図では1本で説明しています。

**図8-18(a)**は高周波機器のように同軸構造のままで接続しています。こうした構造は（具体的な形は図と違うが）昇圧回路を持った代表的なHEVのP-N線で採用されており、接続部がシールドケーブルと同じ不平衡のままで筐体に接続されています。原理的には最も優れた接続方法です。

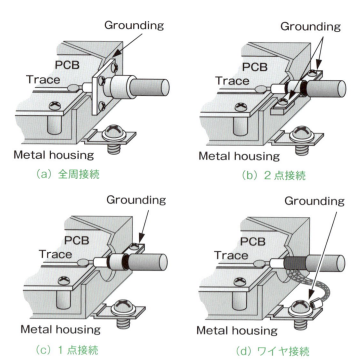

**図8-18** シールドケーブルの金属筐体への接続の例 （作成：筆者）

図8-18 (b)と図8-18 (c)はこれをもう少し簡略化したもので、旗端子と呼ばれています。どちらも配線端部は平衡型になりますが、図8-18 (c)よりもグラウンド接続部が多い図8-18 (b)のほうが、いくらか不平衡に近づいています。

図8-18 (d)は非常に簡易的なグラウンディングの例です。これも実際の製品でよく見られます。

これらをケーブルや接続部からの放射の大小として比較すると、おおむね以下になることは外観からも推察されます。

(a)全周接続＜(b)２点接続＜(c)１点接続≪(d)ワイヤ接続

このうち、図8-18 (d)の場合は、長いグラウンド線と筐体とで大きなループアンテナを形成します。この部分が大きな放射源になり、また、この部分の特性インピーダンス値が他のどれよりも大きいため、同軸線本体との不整合が最も大きくなります。加えて、同軸線本体の電磁遮蔽性能も最も劣化します。

図8-18 (a) ～ (c)の順序も実際に前述のようになることは第7章の図7-35からも明らかですが、さらにこの事例を考察しているのが図8-19です。

この図の同軸線の内部導体から流出する（よそに対する）雑音電流は、相手側の機器に反射などがなければ、外部導体の内側を通って雑音源に帰還してきます。従って、その範囲内であれば配線外部からは電流が見えず、この同軸ケーブルはシールドの役割を果たしています。

ただし、電力ユニット側の接続が図に示すような構造の場合、外部導体から帰還する帰路電流の大部分は、外部導体固定部分を経由して筐体に流れ込みます。回路基板（PCB）の固定部分より、基板グラウンドに帰還しますが、この帰路電流の流れ方には以下の２つの問題があります。

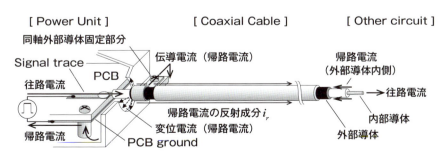

図8-19　シールドケーブルの端部処理が帰路電流に及ぼす影響　(作成：筆者)

(1) 同軸線の内外部導体分離部分はいびつな平衡形態をしており、特性インピーダンスが高くなります。そのため、ケーブル本体と大きく不整合となり、その境目で反射して、その反射成分が**図8-19**の$i_r$の形で外部導体の外側へ押し出されます。これがシールドケーブル本体からの放射の原因になります。

(2) 外部導体と金属筐体との間の隙間が小容量のキャパシターとなるので、高周波信号である帰路電流はここも経由して雑音源に帰還します。この電流は変位電流であるため、この隙間がスロットアンテナとして電磁波を放射します。ただし、**図8-19**の例ではこの部分はアンテナとしては小さいものの、放射源として考える必要があります。

　結局、シールドケーブルの筐体への接続は、可能な限り同軸形態に近い状態にすることが電磁遮蔽性能の確保のためには必要です。従って、**図8-18 (b)** 以上にするのがよいといえます。

　なお、これまではシールドされた金属筐体とシールドケーブルの接続について、系の外側から見た場合について考察してきました。実はもう1つ重要な課題があることを付記しておきたいと思います。

　**図8-19**における電力ユニットの内部構造において、ケーブル接続部に直近の部分を見ると、往復電流が大きく分離されています。そのため、ここでも信号配線側の出力部分とグラウンドで大きなループになっています。このような構造であると、筐体内部において内部の制御回路などが発生する高周波ノイズが、この部分で電力出力線の内部導体にクロストークしやすくなります。すると、混入ノイズが外部配線に伝導して他の回路にまで運ばれます。また、先の流入電流の場合と同じメカニズムでワイヤなどから放射してしまいます。

　この場合、本来は金属筐体の内外部境界面において、PCBグラウンドを最短距離で筐体に接続する必要があります。諸般の事情により、これは実践しにくい場合が多々あると思いますが、まずはこれが基本であることを意識する必要があります。

## [4] デカップリング

### デカップリングの順序

　大電力機器は電流モデルであるため、まずはノーマルモード放射を抑制する必要があります。ノーマルモード放射は、低周波のうちは小さいように思えても、元の電流が大きいのでばかにできません。また、周波数の2乗に比例して増大するため、ノイズ源の近くで抑制するような構成にしておく必要があります。

　一方、コモンモード放射の場合には、わずかな電流でも大きな電界を作ることは第2章

で説明した通りです。また、構造的な要因によって思わぬところに寄生容量と寄生インダクタンスが存在するため、筐体内部のどこでモード変換されるのかはなかなか予測がつきにくいといえます。

従って、流出ノイズ対策はノーマルモード対策→コモンモード対策の順序にすべきです。フェライトコアやY-コンデンサーなどによるコモンモード対策は、ユニットの出口の最後の所で行うことが望ましいといえます。

シミュレーションなどを行う場合には、このことはなかなか分かりにくいと思われるので注意してください。

**構造の利用**

大電力機器の場合には、デカップリングや配線などの構造物のサイズが大きくなります。そのため、筐体との間の寄生容量も増大します。

一方、信号の高調波の高周波成分は周波数が高いので、わずかな寄生容量でもデカップリングとしての活用が期待できる面があります。機器の筐体内部のシステム設計においては、この寄生容量（浮遊容量）を邪魔なものであるとばかり考えるのではなく、これをデカップリングとして利用することも意識するとよいと思います。

# 8.4　設計手順と設計審査

さて、これまで述べた技術項目をどのように活用すべきでしょうか。そのマネジメントの問題が最後に残っています。以下に設計と設計審査（DR：デザインレビュー）について、考えてみたいと思います。

## 8.4.1　EMC設計における検討ポイントと検討順序

システム製品は、必要なコンポーネント（電子機器）を有機的に組み合わせ、総合的な成果として目的とする動作をさせるものです。そのためには、最初にシステムの目標を立てて構想設計を行った上で、各コンポーネントの役割分担が適切に行われるように設計すべきです。しかし、残念ながら、EMC設計に関してはこうなっていないケースが珍しくありません。

一般的に、システムを構築して基本動作の確認を行った後で、対ノイズ性能であるEMCの確認を行います。しかし、往々にして、EMCの法規や規格を満足できずに後になって慌てふためくことが多く、最悪の場合はシステム構成を見直さなければならないところまで遡ることを余儀なくされるケースもあります。

249

この原因は、グラウンドに対するイメージが具体的ではなく、漠然としていることが多いことによると筆者は捉えています。その背景について、以下で少しく説明を行いたいと思います。

　**図8-20**は、回路基板（PCB）と他のユニットとが外部配線を通じて接続されている接続図・回路図の事例を表したものです。一般的にこのように表現されているものも多くあります。

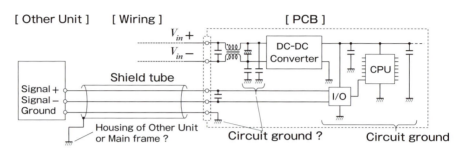

**図8-20**　システムとユニット内部におけるグラウンドの表現の一例（作成：筆者）

　この図をグラウンド接続に着目して見てみると、良否は別として、まず、以下のことが素朴な疑問点として湧いてきます。

(1) 回路基板内の回路グラウンド（「Circuit ground」と図中に表記）がどのように配線・接続されているのか、また、互いの関係が分かりません。
(2) 回路基板内のグラウンド（「Circuit ground ?」と図中に表記）がどこに接続されているのかが分かりません。
(3) シールドチューブ（「Shield tube」と図中に表記）がどこのグラウンドに接続されているのかが分かりません。

　ここで、グラウンドの重要性について再度、復習を兼ねて確認しているのが**図8-21**です。その意味するところは以下の(ⅰ)と(ⅱ)です。
(ⅰ) 回路基板の信号配線パターンとグラウンドパターンの関係、およびポインティング電力$S_N$の流れを表しているのが**図8-21 (a)**と**図8-21 (c)**です。
(ⅱ) 金属筐体内、シャーシ、車体などを共通グラウンドとみなした場合、信号配線−グラウンド間のポインティング電力の流れを表しているのが**図8-21 (a)〜(c)**の全てです。この図の$i_F$は、配線が単線の場合にはグラウンドを帰路配線とするノーマルモード電流であり、配線が往復配線から成るワイヤハーネスの場合にはグラウンドを帰路配線とするコモンモード雑音電流です。このようにワイヤまたはワイヤハーネスとその帰路としてのグラウンドが、この図に示すポインティング電力$S_1$〜$S_3$の伝送のガイドとな

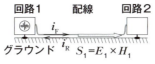

**図 8-21** 信号配線のグラウンドからの位置がノイズの電力伝送に及ぼす影響

るのです。

いずれにせよ、信号やノイズとしての電力はこのように運ばれます。これらから以下のことがいえます。

(a)配線がグラウンドの極近

配線高が低いことによって電磁場の範囲は狭くなるので、そこから放射するノイズのレベルは小さいといえます。

(b)配線が高い

配線高が高いので電磁場の広がりは大きくなります。そのため、そこから放射するノイズのレベルは大きくなるといえます。

(c)グラウンドが一部遠い

途中で信号配線-グラウンド間が大きく離れる場所があります。従って、そこで電磁場の広がりが大きくなるため、そこから放射するノイズのレベルは大きくなります。また、往復電流路の間隔の不連続点で反射が起きるので定在波が追加され、より放射しやすくなるといえます。

これらを考慮して図の配線系からのノイズの放射の大きさを比較すると、以下になることは明確です。

図8-21(a)＜図8-21(b)および図8-21(c)

こうした考え方で再び図8-20を見ると、ここに描かれている接続図・回路図だけでは、対EMC設計の情報として、いかに不足しているかが分かると思います（この接続図の課題と対処については7章までに詳述したので、ここでは省略します）。

回路基板のグラウンドパターンや金属筐体、全体の共通グラウンドとなる共通シャーシや自動車の車体などは、都合の良いときに「グラウンド」と称しがちです。しかし、これらのグラウンドは全て電気配線そのものなのです。信号やノイズについて定性的で構わないので、一度は**図8-21**のようなポインティング電力の流れとして考えてほしいと思います。

前置きが長くなりましたが、対EMC性能向上を意識した電子機器の設計と確認の検討順序は、いきなり回路基板のアートワークから手掛けるのではなく、**表8-1**に示す順でなければなりません。

**表 8-1** EMC性能確保に着目した検討項目と検討順序 （作成：筆者）

| 設計検討項目と検討順序 | | | EMC 性能を意識したポイント |
|---|---|---|---|
| 1 | システムの設置環境 | | 周囲の電磁環境、機器の装着 |
| 2 | システム構成 | | 配線（信号の種類と大きさ）<br>メイングラウンド構成の設計確認 |
| 3 | 機器の設計<br>（端末機器） | 1. 製品構造の決定 | 筐体構造、部品レイアウト |
| | | 2. グラウンドのシステム設計 | 高周波電力伝送経路の安定化 |
| | | 3. 回路構成の決定 | 上記を強く意識した結線 |
| | | 4. 回路部品の決定 | 動作量、周波数特性 |
| | | 5. 回路基板の設計 | 層構成、プレーングラウンドの確保 |
| 4 | 機器の性能確認 | | 機器の作動<br>EMC 性能（伝導流入出電流、放射） |
| 5 | システムでの性能確認 | | システム作動、システムの EMC 性能表 |

これはシステムを構築している最終システム製品としての**完成品メーカー**（OEM：Original Equipment Manufacturingともいう）に、1つの端末製品として電気・電子機器を納入する一次納入メーカー（Tier 1）の立場で記載しています。これはOEM自身にとっても必要なことです。

この検討順序は一見、当たり前のことを記載しているのに過ぎないと見えるかもしれません。しかし、果たして設計の現場において、実際にこのように進められているでしょうか。恐らく、多くの場合で**8.2**におけるシステムのメイングラウンド構成の確認や、**8.3.2**における機器内部や外部とのインターフェースにおけるグラウンドのシステム設計が欠落しているケースが多いのではないでしょうか。

また、Tier 1であっても、**表8-1**の「2システム構成」における「メイングラウンド構成の設計確認」について、OEM側の責任であると放り出してはなりません。これをよく理解しなければ良い電気・電子機器を設計することは難しいのです。開発の構想段階からOEMとよく意思疎通を図っておく必要があります。

前置きで長々と述べた最初の素朴な疑問であった信号配線の相方となるグラウンドをシステム動作の基本として明確に確定する工程が、「2システム構成」の「メイングラウンド構成の設計確認」の部分と、「3機器の設計（端末機器）」における電気・電子機器の設計です。「5回路基板の設計」よりも前に明記されているのはそのためです。

　このように、グラウンドをシステムから考えなければならないということは、結局はシステム設計そのものと同じ思考です。これは設計の基本であると同時に、設計審査もこの順序で実施する必要があります。

## 8.4.2　EMCに着目した設計審査

　**表8-2**は各設計工程における検討が必要な主なポイントと設計審査（DR）、チェックについての概略をまとめたものです。

　ここで重要なことは、各設計工程におけるDRを行なうのに当たって、以下の(1)～(3)が必要であるということです。

**表 8-2**　設計・製造工程におけるEMC-DRとEMC性能チェック（作成：筆者）

| | 設計工程 | 最低限必要なポイント | DRとチェック |
|---|---|---|---|
| 1 | 構想設計 | ・システム構成<br>・共通グラウンドの確認<br>・システム配置場所の電磁環境<br>・設計指針との照合 | EMC-DR<br>・設計指針との照合<br>・失敗事例との照合 |
| 2 | 回路設計 | ・回路の動作量（消費電流）<br>・グラウンドの確認<br>・デカップリング<br>・回路シミュレーション | EMC-DR<br>・設計指針との照合<br>・失敗事例との照合 |
| 3 | 構造設計 | ・筐体材質<br>・部品レイアウト<br>・基板、メイングラウンドとの接続<br>・構造の電気定数のシミュレーション | EMC-DR<br>・設計指針との照合<br>・失敗事例との照合 |
| 4 | 回路基板設計 | ・回路群ごとのまとめと分離<br>・往復配線の構造とペア性<br>・プレーングラウンドの確保<br>・筐体への電気的接続の有無<br>・配線パターンのシミュレーション | EMC-DR<br>・設計指針との照合<br>・失敗事例との照合 |
| 5 | 実装・Assembly化 | ・組み付けチェック | |
| 6 | 試作品評価 | ・動作チェック<br>・EMC性能確認 | 道具の活用：可視化確認<br>電波暗室による測定 |
| 7 | システム評価 | ・動作チェック<br>・EMC性能確認 | 電波暗室による測定<br>認証試験 |
| 8 | 量産化 | ・量産工程チェック<br>・出荷検査 | 必要に応じて抜き取りEMC試験 |
| 9 | 量産品抜き取りチェック | ・EMC性能チェック | 必要に応じて抜き取りEMC試験 |

253

(1) EMCのDRは独立して行い、他の一般的な設計DRや製造DRの中に埋もれさせてはいけません。

(2) EMC-DRのレビュアーは設計部署もしくは元設計部署の技術者で、EMCに精通している影響力のある管理職であることが望ましいといえます。ただし、DR対象製品の詳細な動作まで精通している必要はありません。

(3) DRにおいてはこれまで蓄積してきたEMCの設計指針と失敗事例集を用いることが必須条件です。

これらのうち、(1)は面倒であると敬遠されがちです。しかし、EMCは設計の根源に関わることが多いことに注意しなければなりません。他のDR項目の中に埋もれて後回しにすることにより、後でシステムの見直しをする破目に陥らないようにするために必要です。

続いて、(2)は厳しい条件のように感じるかもしれませんが、設計視点ではなく、時には情け容赦のないEMCの視点も必要であるということです。

そして、(3)ではEMCの設計指針と失敗事例の蓄積が十分ではなかったり、よく整理されていなかったりするかもしれません。それでも、少しずつ蓄積していくことが重要です。

なお、(3)の設計指針と失敗事例集は**表8-2**の「1 構想設計」〜「4 回路基板設計」のように整理しておくと、レビューのポイントがはっきりして、自分の設計する機器にとって大事なことが見えてきやすいと思います。また、OEMに確認・依頼するポイントもはっきりするという点は、筆者も経験済みです。

また、この活動は常に経営層に報告し、EMC性能の造り込みに対する本気度を示して、組織全体でEMCの課題を共有することが重要です。

くれぐれもEMC対応を後回しにしてしまうことのないようにしてください。

## 参考文献

[1] 『電磁妨害波の基本と対策』, 清水康敬, 杉浦行, 電子情報通信学会, (1997).

[2] 『交流理論』, 本田波雄, 城戸健一, 朝倉書店, (1968).

[3] 『電磁気学演習』, 後藤憲一, 山崎修一郎, 共立出版, (2006).

[4] 『銅箔の抵抗とインダクタンス』, ROHM Tech Web, (2024).

[5] 『電磁理論』熊谷信昭, コロナ社, (2001).

[6] 『電磁気学の直感的理解法, 後藤尚久, コロナ社, (1995).

[7] 『プリント回路基板の平行2配線間クロストーク雑音に対する共通グラウンドのスリット効果』, 前野剛, 櫻井礼彦, 鵜生高徳, 市川浩司, 藤原修, 電気学会論文誌 A, Vol.128, No.11, pp.657-662, (2008).

[8] 『車載用電子機器からワイヤハーネスへ流出する伝導雑音電流の低減』, 前野剛, 鵜生高徳, 加藤謙二, 藤原修, 電子情報通信学会論文誌B, Vol. J90-B, No.4, pp.437-441, (2007).

[9] 『共通グラウンドをもつプリント基板の平行2配線間クロストークに対するスリットサイズ効果』, 前野剛, 上山博也, 市川浩司, 藤原修, 電子情報通信学会論文誌B, Vol. J91-B, No.11, pp.1528-1531, (2008).

[10] 『Introduction to Electromagnetic Compatibility, 2nd Edition』, Clayton R. Paul, John Wiley & Sons, (2006).

[11] 『EMCとノイズ対策の本』, 鈴木茂夫, 日刊工業新聞社, (2014).

[12] 『EMC工学 実践ノイズ低減技法』, Henry W. Ott, 東京電機大学出版局, (2013).

[13] 『プリント回路基板の平衡2線間におけるFM帯クロストークの特性とその機構』, 前野剛, 上山博也, 飯田導平, 藤原修, 電子情報通信学会全国大会, 愛媛大学工学部, (2009/3).

## おわりに

　本書では、電子システムのEMC設計について、ほぼ全貌について述べてきたつもりである。すなわち、電子システムの置かれる電磁環境からコンポーネント、システム化に至るEMC設計の考え方、および、実設計における回路基板設計を始めとして、シールドから、出来上がった回路基板の金属筐体への装着とシステム化、そして配線にまで言及した。

　なお、ページ数の制約により、デバイスについての記述はデカップリング素子についてのみ最小限にとどめた。シミュレーションについても詳しくは触れていない。これらについては他の専門書を参照されたい。また、EMC問題は回路図に現れないグラウンドとそれに関わる構造的な要因が大きいことに関連し、シミュレーションは少し複雑になるだけで条件設定と結果の物理的解釈が大幅に難しくなるか、あるいはできなくなる場合が多いことを常日頃より感じている。

　モデルの評価について、「確かに理屈ではそうかもしれないが、複雑な実製品は違う」といった意見もあるだろう。だが、複雑なものの中から可能な限りシンプルな共通技術的なものを抽出することは、ものの本質に迫る上で大切なことであると思う。ここでは、筆者の実製品における設計・対策の経験が矛盾なく説明されているものばかりを取り上げたつもりである。

　「単に、設計的ノウハウの羅列では応用が効かない」。そう思い、事例のほとんど全てに物理的な考察を加えた。ただ、書き上げてみると、回りくどい部分が多い半面、逆に説明不足な部分もあったかもしれない。また、「初心者から見てハードルが高過ぎないことと」いう出版社からの当初の要望に十分応えきれていない部分も多々あることに自分ながら愕然としたことは事実である。これに対しては申し訳ないと思う気持ちはあるものの、一方においては、EMC設計において参考にしてほしいと思うところは十分に盛り込めたのではないかとも思っている。これらについて読者からのご指摘を賜ることができれば幸甚である。

本書を執筆するにあたって多くの文献を参考にさせていただいたが、それらの著者に対して深く感謝の意を表する。また、注釈のない(発表実績のない)多くの実験において多大な協力をいただいたクオルテックの新子比呂志氏(元シャープ部長)、査読などで多くの指摘・助言をいただいたクオルテックの登充啓氏(元シャープ技師長)には心から謝意を表する。さらに、遅筆な筆者に対して励ましの言葉と多大なご協力を頂いた日経BP編集委員の近岡裕氏、編集・校正に多大なるご尽力をいただいた松岡りか氏、他の多くの方々に深謝します。

　最後に、休日の大半を執筆に費やす生活を常に支えてくれた妻むつみにも感謝を伝えたい。


2024年11月　前野 剛

# INDEX

## 数字、他

| | |
|---|---|
| 1ターンコイル | 118 |
| 1点接地 | 209, 211 |
| 2014/30/EU | 014 |
| 2層マイクロストリップ基板 | 073 |
| 2点接地 | 209, 211 |
| $\lambda/2$ | 215 |
| $\lambda/2$共振 | 217 |

## A~Z

| | |
|---|---|
| ADコンバーター | 166 |
| AD変換回路 | 165 |
| CPUクロック | 151 |
| dB | 046 |
| DR | 249 |
| EMC | 013, 024 |
| EMC環境 | 015, 018 |
| EMI | 012 |
| EMS | 013 |
| FFC | 172 |
| FGパターン | 132, 140 |
| FPC | 172 |
| H-ブリッジ | 161 |
| OEM | 252 |
| PCB | 062 |
| PWM | 161 |
| Q値 | 036, 127 |
| STP | 190 |
| TDR | 197 |
| TEM | 173 |
| TEM伝送 | 219 |
| UTP | 190 |
| UVW | 245 |
| VCCI | 015 |
| VHF | 071 |
| Y-コンデンサー | 104, 164, 169 |

## あ

| | |
|---|---|
| アクチュエーター | 158 |
| イグニッションパルス | 151 |
| 位相 | 029 |
| イミュニティー | 021 |
| インダクター | 030, 108 |
| イントラEMC | 147 |
| インバーターユニット | 168 |
| インピーダンス | 028, 034 |
| インピーダンス整合 | 043 |
| インピーダンス変換 | 125 |
| エミッション | 021, 048 |
| 往復電流 | 063, 098 |
| オームの法則 | 029 |
| 遅れ | 034 |
| オルタネーターノイズ | 151 |

## か

| | |
|---|---|
| ガードトレース | 098 |
| 外来雑音電流 | 143 |
| 外来伝導雑音電流 | 167 |
| 外来ノイズ | 049 |
| 外来変動磁界 | 152 |
| 回路基板 | 062 |
| 可視化 | 176, 179 |
| 型式指定 | 017 |
| 簡易HEV | 239 |
| 完成品メーカー | 252 |
| 貫通ビア | 072 |
| 感応 | 050 |
| 寄生容量 | 132 |
| キャパシター | 032 |
| キャパシタンス | 039 |
| 共振 | 016, 035, 120, 121, 138, 185 |
| 共振周波数 | 016, 122 |
| 共通グラウンド | 016 |
| 帰路電流 | 063 |
| 金属筐体 | 132, 143, 243 |
| 金属筐体化 | 115 |
| 近傍磁界 | 072, 081 |
| 近傍電界 | 081 |

| | |
|---|---|
| 矩形波 | 025 |
| グラウンドバウンス結合 | 075 |
| 繰り返し周期 | 025 |
| クロストーク | 073, 155 |
| 減衰損 | 113 |
| 高周波回路 | 027 |
| 高周波電力 | 068 |
| 高周波ノイズ | 157 |
| 合成インピーダンス | 105 |
| 高調波 | 025, 151, 155 |
| 交流磁界抑制効果 | 182 |
| 国際規格 | 014 |
| コモングラウンド | 016 |
| コモンモード | 103, 146, 156 |
| コモンモード雑音電流 | 018, 055, 160, 165, 172 |
| コモンモードチョーク | 103, 108, 162, 169 |
| コモンモード電流 | 142 |
| コモンモードノイズ | 167 |
| コモンモード放射 | 085 |
| コンデンサー | 032 |

## さ

| | |
|---|---|
| サージ | 151 |
| 雑音電流 | 017 |
| シールドケース | 117, 132 |
| シールドケーブル | 169, 246 |
| シールド効果SE | 113 |
| シールド線 | 180, 192, 193 |
| 磁界 | 025 |
| 自家中毒 | 013, 147 |
| 時間領域反射率測定法 | 197 |
| 自己インダクタンス | 030, 036, 062, 106 |
| 自己共振 | 104 |
| 自己共振周波数 | 105 |
| 磁束密度 | 107 |
| 自動運転 | 020 |
| 車載用無線通信機 | 194 |
| 周期 | 025 |
| 集中定数 | 041 |
| 周波数 | 025 |
| 周波数スペクトラム | 025 |

| | |
|---|---|
| 準静電界 | 078, 079 |
| 準静電界結合 | 079 |
| 昇圧回路 | 237 |
| 消費電力 | 029 |
| ショートリング | 099, 118, 153 |
| シリーズスルー法 | 067 |
| シリーズレギュレーター | 228 |
| 信号配線パターン | 096 |
| 垂直偏波 | 051 |
| スイッチングノイズ | 151 |
| スイッチングレギュレーター | 229 |
| スポット溶接 | 178 |
| スリット | 085 |
| スロットアンテナ | 051, 072 |
| 正弦波 | 025 |
| 静電容量 | 032 |
| 設計審査 | 249 |
| 接続環境 | 150 |
| 専用グラウンド線 | 189 |
| 層間移動 | 098 |
| 相互インダクタンス | 077 |
| 送受信アンテナ | 016 |
| ソレノイド | 158 |

## た

| | |
|---|---|
| 帯 | 071 |
| 対ノイズ性能 | 182 |
| 多重反射損 | 113 |
| 多層基板 | 157, 165 |
| 中低速デジタル機器 | 224 |
| 超高周波 | 018 |
| チョークインプット型 | 152 |
| 直列インダクタンス | 138 |
| 直列共振 | 142 |
| 直列共振回路 | 035 |
| 直列デカップリング | 167 |
| ツイストペア線 | 189 |
| 通過 | 207 |
| 通過損失 | 081 |
| 定K型ローパスフィルター構造 | 164 |
| 抵抗 | 028 |

# INDEX

| | |
|---|---|
| 定在波 | 044 |
| ディファレンシャルモード | 156 |
| ディファレンシャルモード雑音電流 | 054 |
| デカップリング | 062, 103, 145, 249 |
| デカップリング効果 | 145 |
| デザインレビュー | 249 |
| 電荷 | 032 |
| 電界 | 025 |
| 電界結合 | 075, 132 |
| 電界遮蔽 | 192 |
| 電源 | 150 |
| 電源フィルター | 151 |
| 電源モジュール | 229 |
| 電磁環境 | 150 |
| 電磁感受性 | 013 |
| 電磁干渉 | 017, 154 |
| 電磁雑音の周波数範囲 | 021 |
| 電子システム | 151 |
| 電磁遮蔽 | 112, 192, 200 |
| 電磁遮蔽能力 | 069 |
| 電磁ノイズ | 012 |
| 電磁波 | 025, 112 |
| 電磁波吸収シート | 124 |
| 電磁波吸収体 | 128 |
| 電磁波照射試験 | 165 |
| 電磁妨害 | 012 |
| 電磁誘導結合 | 074, 118, 132, 169 |
| 電磁両立性 | 013, 024 |
| 伝導 | 151 |
| 伝導雑音電流 | 077 |
| 電動車両 | 237 |
| 伝導出力ノイズ | 115 |
| 伝導入出力 | 073 |
| 伝導流出 | 073 |
| 伝導流出ノイズ | 117 |
| 伝導流入 | 073 |
| 伝導流入出ノイズ | 075 |
| 電流利得 | 047 |
| 電力伝送 | 068 |
| 電力利得 | 047 |
| 同軸ケーブル | 180, 193 |

| | |
|---|---|
| 特性インピーダンスZ | 041, 175, 197, 200 |
| トランスデューサー | 152 |

## な

| | |
|---|---|
| ネイピア数 | 113 |
| ノイズ | 048 |
| ノイズの拡散 | 071 |
| ノイズのモード | 103 |
| ノーマルモード | 103, 147, 156, 167 |
| ノーマルモード雑音電流 | 054 |

## は

| | |
|---|---|
| 配線 | 172 |
| 配線間クロストーク | 115, 121 |
| 配線間クロストーク抑制効果 | 186 |
| ハイブリッド車（HEV） | 237 |
| 波長 | 027 |
| 反共振 | 106, 120, 122 |
| 反共振点 | 106 |
| 反射 | 205, 206 |
| 反射係数 | 045 |
| 反射損 | 113 |
| 反発磁界 | 074 |
| 被害回路 | 099 |
| 比透磁率 | 107 |
| 火花放電 | 151, 159 |
| 表皮効果 | 113 |
| フェライトコア | 107 |
| 不平衡接地アンテナ | 071 |
| フレームグラウンドパターン | 132 |
| ブレーングラウンド | 068 |
| フレキシブル基板 | 172 |
| フレキシブルフラットケーブル | 172 |
| フローティング | 139, 157 |
| ペア配線 | 187 |
| 平衡アンテナ | 071 |
| 平衡不平衡変換 | 190, 204 |
| 平面波 | 112 |
| 並列共振 | 105 |
| 並列共振回路 | 036 |
| 並列容量 | 138 |

ベタグラウンド ……………………………… 086, 134, 165

変位電流 ……………………………………… 052, 072

ポインティング電力 ……………………… 028, 068

放射 …………………………………………… 025, 071

放熱器 ………………………………………… 146

## ま

マイクロストリップ線路 ……………………… 064

マイルドハイブリッド車 ……………………… 239

脈動 …………………………………………… 151

モーター ……………………………………… 158

## や

誘起ノイズ …………………………………… 120

誘導 …………………………………………… 151

横方向電磁界 ………………………………… 173

## ら

リアクタンス ………………………………… 030, 032

リップル ……………………………………… 150, 195

流出雑音電流 ………………………………… 146

流入出雑音電流 ……………………………… 077

流入出ノイズ ………………………………… 071

励振 ………………………………… 070, 142, 185, 208

レギュレーター ……………………………… 152

レンツの法則 ………………………… 030, 074, 152, 189

漏洩磁界 ……………………………………… 153

ローパスフィルター ………………………… 151, 233

## わ

ワイヤハーネス ……………………………… 172, 181

## 著者紹介

**前野 剛**(まえの・つよし)…1972年3月に東北大学工学部通信工学科(学部)を卒業し、1972年4月に日本電装(現デンソー)に入社。同年8月に電子技術部に配属され、車載電子機器の開発／設計および設計管理(無線通信機、車載超音波機器、ナビゲーションシステム、ボディー系電子機器)に従事する。1998年1月に通信機器事業部にて自動車電話／携帯電話の品質保証部長に就任。2002年1月にEMC担当部長に就任し、全社EMC問題の取りまとめと統括に従事。2006年4月に名古屋工業大学大学院博士後期課程(社会人枠)に入学。2008年8月にデンソーを定年退職し、再雇用となる。2009年3月に名古屋工業大学大学院博士後期課程修了博士(工学)を取得。2012年8月にデンソー再雇用期間を満了して退社。2012年9月にクオルテック入社し、EMC技術の基礎研究と各企業からの依頼によるEMCコンサルティングに従事している。

---

**超高周波・パワエレ時代にノイズトラブルを防ぐ**
# EMC 設計

2025 年 1 月 27 日　第 1 版第 1 刷発行
2025 年 3 月 26 日　第 1 版第 2 刷発行

| | |
|---|---|
| 著者 | 前野 剛 |
| 発行者 | 浅野 祐一 |
| 発行 | 株式会社日経 BP |
| 発売 | 株式会社日経 BP マーケティング |
| | 〒 105-8308 東京都港区虎ノ門 4-3-12 |
| 編集 | 近岡 裕、松岡 りか |
| ブックデザイン | Oruha Design（新川 春男） |
| 制作・印刷・製本 | 株式会社大應 |

ISBN 978-4-296-20673-5

本書の無断複写・複製（コピー等）は、著作権法上の例外を除き、禁じられています。
購入者以外の第三者による電子データ化及び電子書籍化は、私的使用を含め一切認められておりません。

本書籍に関するお問い合わせ、ご連絡は下記にて承ります。
https://nkbp.jp/booksQA